孩子最需要的彩绘科普书

让您在探究世界的同时 享受美妙的视觉旅程

上海科学普及出版社

图书在版编目（CIP）数据

我的第一本海洋知识小百科 / 王平辉编著 . — 上海 : 上海科学普及出版社 , 2015.1

（趣味知识小百科）

ISBN 978-7-5427-6236-8

Ⅰ . ①我… Ⅱ . ①王… Ⅲ . ①海洋 – 青少年读物 Ⅳ . ① P7-49

中国版本图书馆 CIP 数据核字（2014）第 217382 号

责任编辑：李　蕾

趣味知识小百科

我的第一本海洋知识小百科

王平辉　编著

上海科学普及出版社发行

（上海中山北路 832 号 邮编 200070）

http://www.pspsh.com

各地新华书店经销　三河市恒彩印务有限公司印刷

开本：710mm × 1000mm　1/16　印张：11.25　字数：100 000

2015 年 1 月第 1 版　2015 年 1 月第 1 次印刷

ISBN 978-7-5427-6236-8　定价：29.80 元

前言

随着社会的发展，科技的进步，掌握科普知识也显得越来越重要。那么，什么是科普呢？简而言之，科普就是科学知识的普及。以前说起科普，主要是指生硬的讲解和直接地灌输科学结论，使受众感到特别枯燥、乏味。而如今，科普的观念已经有了很大的变化，是“公众理解科学”、“科学传播”的思想，强调科普的文化性、趣味性、探奇性、审美性、体验性和可视性等特点。它还要求科学家以公开的、平等的方式与受众进行双向对话，总之，是让科学达到民主化、大众化的效果。

其实，在科学的研究之初，人们因为好奇，所以去探究自然界，探究我是谁，从哪里来，到哪里去。也就是说，科学是从不断的发问开始的，是一种寻根的活动，是一种求真的精神追求。而现今大多数人只是为了追求知识量，一味地去死记一些科学结论，从来不去想想这些结论最初是怎么得来的，也很少能体验到逻辑美感的精神愉悦。

科学原本是带给人们探究并认知世界的最美享受，是能够满足人

们好奇心、认知欲的一门学问。说到科学，难免会让人们想到一些伟人的科学精神，如当年布鲁诺因坚信日心说而坦然走向宗教裁判所用的火刑，那种为求真一往无前的精神，实在令人敬佩。科学精神是人类的一大宝贵财富，是人类一切创造发明的源泉。有了科学精神，凡事都会讲求真，而决不随波逐流。

我们知道，科普读物曾长期被人们误会和曲解，其专业化和细节化使得很多人过多关注于某一个极其细微之处，从而使它变得索然无味，仿若嚼蜡。本套丛书出版的目的就是要打破这一现象，把枯燥的科普读物变得更加有趣。我们期冀借助精美的图片、流畅的文字，让读者从字里行间体会到科学的情感所在。

这套丛书很好地为读者展现出诸如生命机体、天空海洋、草原大陆、花鸟虫鱼等最纯真、最真实的世界，我们以最虔诚的态度尊重自然、还原历史。纯洁、自然、不事雕琢，这是我们渴望得到读者认可的终极理想。

感谢在本套丛书的出版过程中给予帮助的所有朋友，感谢各位编辑、各位同仁的鼎力支持，也欢迎读者提出宝贵建议，您的建议是我们进步的阶梯，也是我们最宝贵的财富。

编者

目录

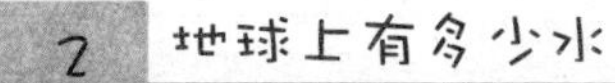

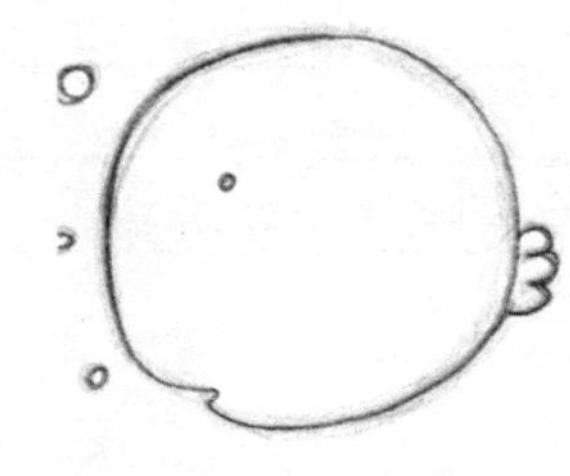

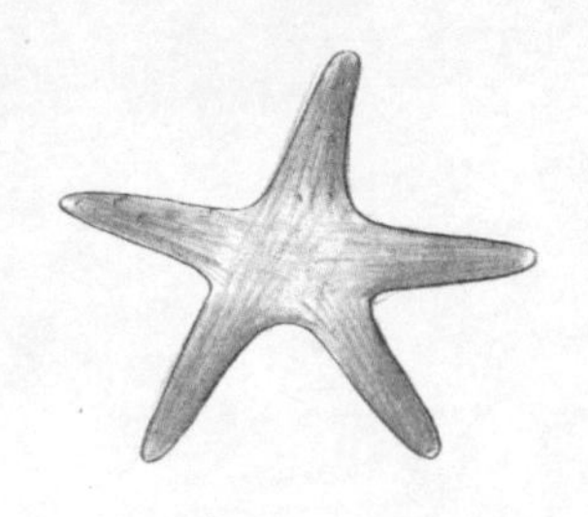

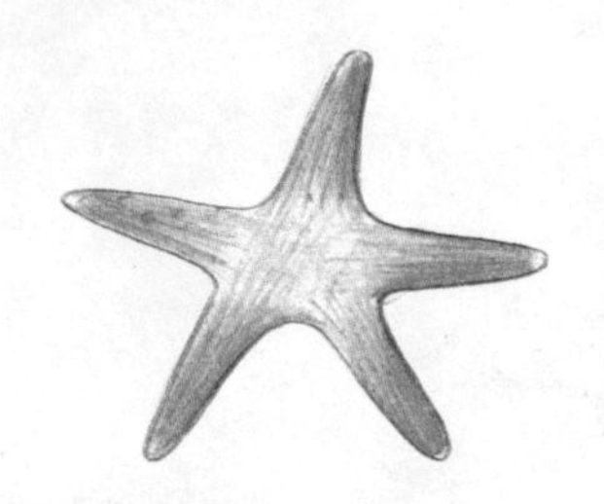

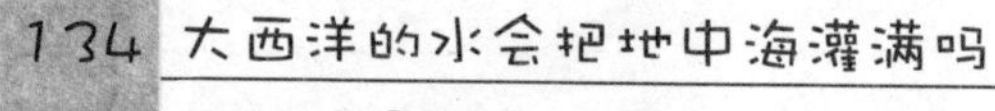

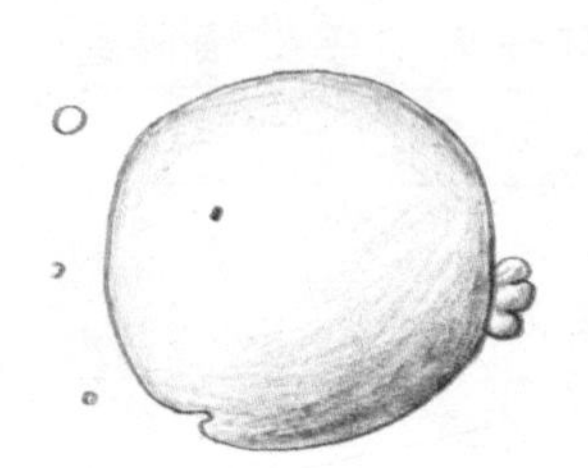

波澜壮阔的海洋总是充满了神奇色彩，你还记得童话故事里的“美人鱼”吗？你还记得《西游记》中的东海龙王吗？你还记得聪明可爱的小龙女吗？等等，这些神话人物虽然并不存在于海洋中，但是它们的故事为海洋增添了许多美好而神秘的色彩。

那么，海洋里到底有什么奇怪的生物呢？海洋又是怎样形成的呢？

如果感兴趣的话，就和我们一起来畅游这神秘的海洋世界吧！

精彩故事开始啦！>>>

地球上有多少水

地球上有多少水？这个问题真的不好回答，因为水是流动的，而且范围广阔。当然，如果真想探个究竟，也是可以估算一下的。先从海洋开始，地球表面71%的面积是海，**海里的水约有13.7亿立方千米**；接下来看江河、湖泊，这里的水约有**几十万立方千米**；最后，看一下冰雪状态的水，它们大部分堆积在南、北极和高山山顶，**约4000万立方千米**。

除此之外，地球上还存在一些不明显的水，像含藏在空气中的水蒸气。这些从地面蒸发到空气中，变成气体状态的水，约有1.23万立

方千米。还有一种藏在地下的水，千万可别小看了它，它可是仅次于海洋的另一个巨大水库，这些从陆地表面渗透到地下的水，总量高达4亿立方千米。

最后一种水，也是最容易被忽略的，就是生物体内的水，一棵白菜90%以上是水；我们的身体内60%～70%也是水。如果把我们估计出的所有水量加起来，地球上的水大概有18亿立方千米之多，是非常惊人的数字。

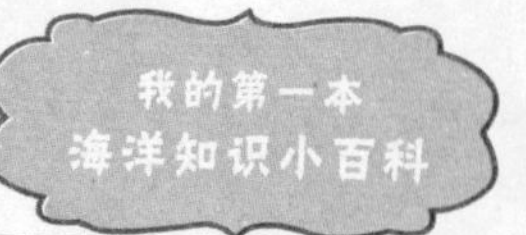

“海”与“洋”的区别是什么呢

海洋是指大海还是指大洋呢？我们一提起“海洋”，好像它就是指一片汪洋大海。实际上，**海是由岛屿或半岛分割成的大洋边缘部分；洋是地球表面广大水域的统称，约占海洋总面积的89%；而海洋是指由海水、生物、大气、海岸以及海底等几部分构成的统一体。**

我们知道地球表面71%的面积是海洋，积蓄着地球上大部分的水，江河湖里的水还不及海洋里的1‰。既然海洋里有这么多水，海与洋又有所不同，那么是海的水多，还是洋的水多呢？

要想知道海和洋的区别，就需要从以下四个方面来看：以面积来看，

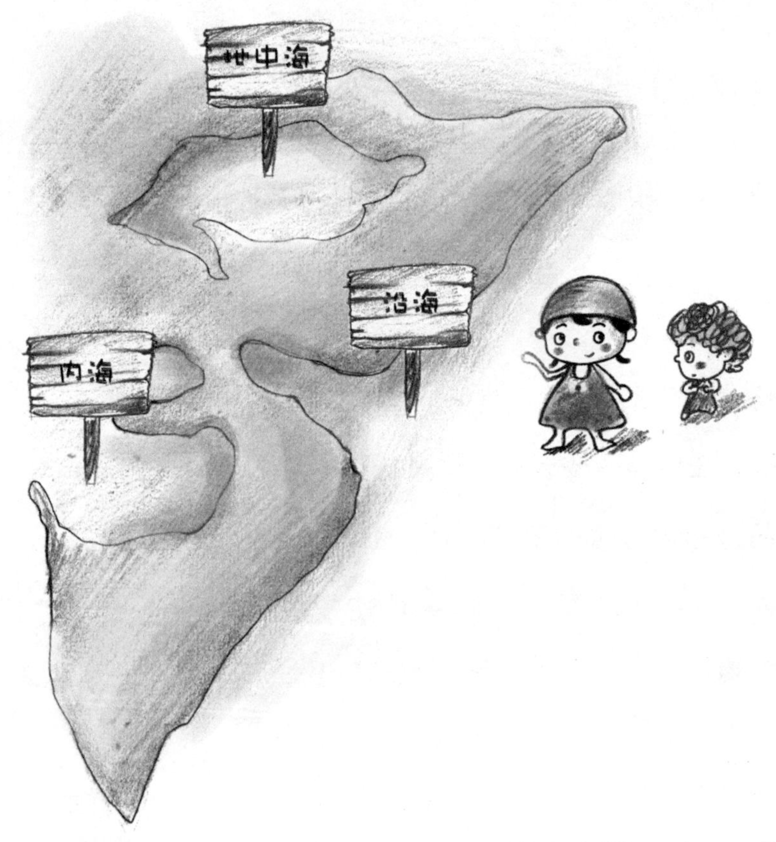

海的面积较小，洋的面积大。以深度来看，海的深度一般在2000米，而洋的深度在3000米以内。若以含有的盐分来看，海的盐分不稳定，会随着环境位置的改变而改变，但洋的盐分一般很稳定，都在35‰左右。再以洋流潮汐来看，海受潮汐影响显著，但不受洋流影响；而洋不受潮汐影响，却受洋流影响。

明白了海和洋的区别后，我们可以说海就是洋的一部分，且比洋更接近陆地。通常，我们可以将海分为三种，即地中海、内海和边缘海。也有以颜色或主要生物定名的，如红海、南海、马尾藻海等。

海洋是怎样形成的

大海是从什么地方来的？是什么时间形成的？这些疑问，经过科学家的研究后，终于找到了答案。

原来，在地球形成以后，由于地球内部的放射性元素开始放热，使得一部分的物质融化了，这时，物质在力的作用下，又要重新进行排列，重的会往下沉，轻的被往上挤，而这些轻的物质，从地球内部被挤出来，并喷出地面，就形成了最原始的火山现象。

这种火山现象，后来又会形成大量的火山喷发，从地球内部喷出大量的气体、水蒸气和灰尘，并且漂浮在空气中。其中被喷出的水蒸气，遇到冷空气就和灰尘凝结在一起，变成了暴雨

降落下来，并且在原本地壳凹陷的地方，慢慢聚集起来，最后，地球上最原始的海洋就此诞生了。真是不可思议，海洋的形成原来和火山喷发有着密切关系。

后来，在漫长的岁月里，不断地发生地质运动，使海陆也跟着不停地变化，逐渐形成了今天海洋的样子。

海水为什么那么咸、那么苦

我们都知道海水是咸的，而且还知道它是因为含有盐分才会变咸，但是，这些海水里的盐，又是从哪里来的呢？

许多在大海上航行的轮船，都会在航行前装满足够的淡水，供船员和旅客饮用。以防万一发生紧急状况，有的船上还会装设一种淡化海水的机器，以便急需之用。

海水苦咸是因为它含有各种盐类，并且含量很多。而这些盐里，有 3/4 是氯化钠，也就是我们所吃的食盐；另外 1/4 是氯化镁、硫酸镁、硫酸钙、氯化钾等盐类，其中硫酸镁是医药上用的泻药，味道很苦，海水中之所以会有苦味，就是它的“功劳”。

其实，在海洋形成时，海水中的盐分就存在海中了，它是由地球从很高温度下冷却后才产生的。直到今天，陆地上许多的河流小溪，每年大概还要把 30 亿吨的盐分带到海中，所以，海水就成了地球上的天然大盐库。

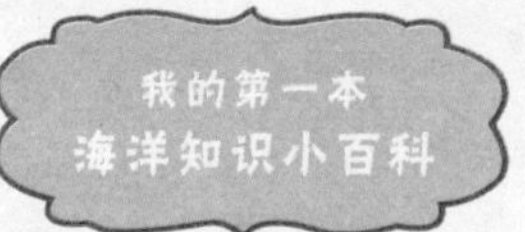

海水在不停地流动吗

大家都听说过“洋流”，可是你知道也有“海流”吗？海水会流动的原因与“海流”有关。不过，我们平常很少注意到它，因为它的速度比较慢，也因为有它，大量的海水才能从一个地方，流向另一个地方。

海流是海洋里最重要的现象，海岸边、海水表面、海水深处到处都有它的踪迹。海流的种类也相当复杂，人们通常会用几种方法来探测它。譬如：根据海水的颜色来判别，因温度高，含盐多，海流通常呈深蓝色；观察海水温度高低来区别海流；根据船行方向的变化来察觉它；在海里放置有标记的漂流物，再观察漂流物的流向；将铅锤绑着线投到海里，锤在水中的线倾斜，就知道这里有海流。

海流的形成原因之一，可能是受到月亮的引力，以至于海水被吸起，形成海潮，这个引潮力，一边使海水上下涨落，同时也使海水在水平方向流动。

另外，还有许多其他原因能形成各种海流，如“风海流”、“坡度流”和“密度流”，这些海流的形成都与气象有关。

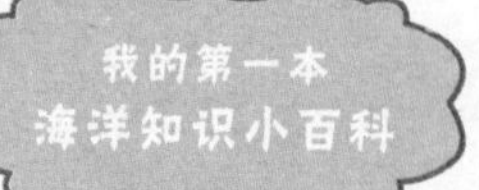

大海为什么是蓝色的

提起大海，不由得让人想起海子的诗句：从明天起，我要做一个幸福的人，面朝大海，春暖花开。大海是世界上最美丽的景观之一。可是，当你在海边漫步或坐在船上欣赏大海的风景时，你有没有想过，从表面看大海是蓝色的，但是当你把海水放在玻璃瓶里时，就会发现它其实是无色的。也许你会感到很疑惑，海水本身既然是无色的，那么大海又为什么会是蓝色的呢？

原来，大海的颜色是由海面反射的光和来自海水内部的回散射光的颜色决定的。太阳光线虽然从表面上看是白色的，可实际上它是由红、橙、黄、绿、青、蓝、紫七种可见光组成的。又因这七种可见光线都不一样，而不同波长的光会被不同深度的海水所吸收，也就是说，**海水对不同波长光的吸收和散射是有选择性的。**

一般情况下，红色和黄色等色光的波长比较长，最容易被海水吸收，当它们射入海水后，大部分光会被海水吸收，只有极少部分被水分子及海水中的悬浮颗粒反射和散射。而波长较短的蓝光和绿光的穿透能力强，当它们射入海水后，只有少部分被海水吸收，大部分光遇到水分子或其他悬浮颗粒便向四周反射和散射。这样一来，海水对蓝光吸收得少而反射得多，而且越靠近海水深处，越有更多的蓝光被反射到水面上来。当这些被反射的蓝色光射入到我们眼睛里时，我们所看到的大海就是一片蓝色的了。

最早的生命体是什么

人们总喜欢追逐过去，最早的人类、最早的动物、最早的文明……都是科学家们探索的问题。可是，你知道最早的生命体是什么吗？科学家们找到答案了吗？在我们生活的这个星球上，从天空到陆地，从湖泊到海洋，几乎都生活着形形色色的生命体，从而使这个世界更加丰富多彩、生机勃勃。那么，这个五彩缤纷的世界又从何而来呢？

在45亿年以前，陆地的面积很有限，地球表面绝大部分是深浅不一的广阔海洋。一种类似蛋白质的有机物质在海洋中出现，又经过长期的演化和孕育，它们慢慢形成了最原始的生命体。

到了大约距今33亿年前，即地质史上的元古生代，海水里的生命体明显增多了，除单细胞生物外，已有藻类、海绵类等多细胞生物出现。到了距今6亿～2.5亿年前的古生代，海水里的生命活动又增强了不少，已经出现了许许多多的动物，如三叶虫、珊瑚等。到古生代的中期，出现了脊椎动物——鱼类。鱼类又逐渐演化成两栖类动物，并且逐渐从海洋向陆地发展，直至形成今天这么庞大的规模。

但是，海洋为什么能够孕育生命呢？我们都知道**只有氨基酸才能孕育出生命**，海洋中的氨基酸是从哪里来的呢？如果是原始海洋里的各种元素合成了氨基酸，那就可以认为地球上的生命确确实实是从海洋中诞生的。近来，天文学家在宇宙尘埃中发现了大量的有机分子，在陨石中还找到了多种氨基酸，这些物质大部分坠入海洋，**在海水和阳光的作用下，经过长期演化，在海洋中形成了最初的生命**。因此，人们认为生命起源于海洋，海洋是生命的摇篮。

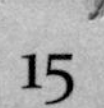

海水可以直接喝吗

海水太咸、太苦，无法饮用。但是，如果除去这些味道的原因，海水可以喝吗？换句话说，喝过海水后会对身体有伤害吗？

其实，海水中含有大量盐类和多种元素，其中许多元素也都是人体所需要的。但海水中各种物质浓度太高，远远超过饮用水卫生标准，如果饮用过多，会导致人体中某些元素过量，影响人体正常的生理功能，甚至还会引起中毒。

如果不小心喝了海水，可以采取饮用大量淡水的方法来补救。大量淡水可以稀释人体摄入的过多矿物质元素，将其通过汗液和小便排出体外。

据统计，在海上遇难的人员中，饮海水的人比不饮海水的死亡率高。

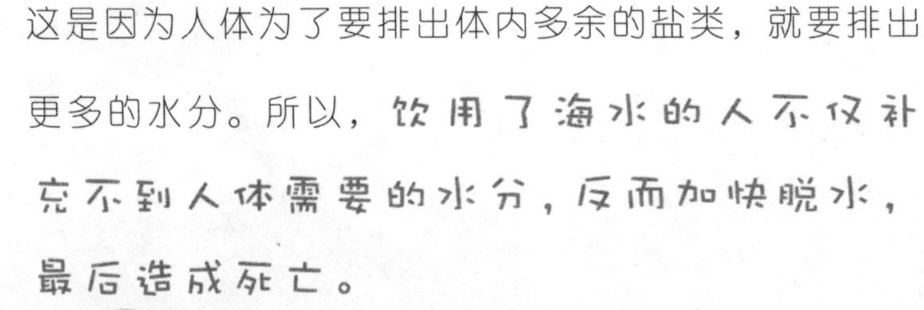

这是因为人体为了要排出体内多余的盐类，就要排出更多的水分。所以，饮用了海水的人不仅补充不到人体需要的水分，反而加快脱水，最后造成死亡。

不过，海水经过淡化处理后是可以饮用的。海水淡化的方法有几十种，最主要的有**蒸馏法、电渗法、冷冻法、膜分离法等**。蒸馏法是目前使用最多的方法，这种方法是先把水加热、煮沸，使海水产生蒸气，再把蒸气冷凝下来变成蒸馏水。

在海上遇险、救生等特殊情况下，为了节约淡水，可用部分海水与淡水混合饮用。有人做过试验，**人在短期内饮用海水与淡水各半的混合水，一般对人体是无害的**。另外，还可以在出航前带上淡化海水的设备，以备急需之用。

海岸线的形态为什么不一样

首先，地壳的运动是海岸线形态不一样的主要原因。由于受地壳升降活动的影响，引起海侵或海水的后退现象，造成了海岸线的巨大变化。这种变化直到今天仍在继续。有人测算过，比较稳定的山东海岸，纯粹由于地壳运动造成的垂直上升情况，每年约上升 1.8 毫米，按照这种速度，大概在 1 万年后，海岸地壳就可上升 18 米。到那时，海岸线又会发生很大的变化。

温室气体（二氧化碳等）过多排放，使全球变暖，加速南极冰川、北极冰盖的融化，使海平面上升，会对海岸线的变化也有很大影响。我们知道使海平面升高，海岸线也会向陆地推进很远；相反，如果气温相对下降，则冰川又扩展加厚，海平面就会渐趋降低，海岸线就会向海洋推进。

河流中的泥沙也会对海岸线的变化有影响。当河流将大量泥沙带入海洋时，泥沙在海岸附近堆积起来，长年累月，沉积为陆地，这时海岸线就会向海洋推移。

以上是海岸线形态不一样的三种原因：地壳运动、冰川融化、泥沙冲积。

海岛是怎样形成的

岛屿充满了太多的神秘色彩，景色也非常迷人，是大多数人们喜欢的景点之一。那么，海岛是怎么形成的呢？

有一种岛叫火山岛，它是由海底的火山经过不断喷发，岩浆逐渐堆积起来，最终升出水面而形成的岛屿，是最险峻挺拔的岛。热带海区的海底有许多千姿百态、五颜六色的珊瑚，它们是由珊瑚虫堆积起来的。珊瑚虫的繁殖能力特别强，大量的珊瑚虫能够在海底丘地或是海底山脉上形成密密丛丛的珊瑚树林。加上不断有其他生物的躯壳、骨骼在“丛林”上堆积，日积月累，这种建筑物越来越高，慢慢升出水面，形成了礁石或岛屿，叫做“珊瑚岛”。

在太平洋和印度洋的热带海域中，有千万座五光十

色的珊瑚岛，因此珊瑚岛也就成为热带海区的标志之一。

因河流、湖泊冲积的沙土堆积成的岛叫做冲积岛，而大陆向海底延伸露出水面的岛屿叫大陆岛。

大陆岛的形成与地壳运动有关。由于地壳运动，在大陆边缘形成断裂地带，并且深陷下去形成海洋。大陆边缘露出海面的部分就形成了岛屿，与原来连在一起的大陆隔海相望。

此外，远古冰川在下游堆积的碎屑，以及海浪常年累月的冲刷、侵蚀，也会形成大陆岛。世界上比较大的岛屿基本上都是大陆岛。

海雾与陆地上的雾有什么区别

我们知道，陆地上雾的形成是与空气中的小尘埃、小颗粒有关的。可是海雾是怎么形成的呢？

海雾的产生，是有规律可循的。在海洋的寒暖流交汇处，只要出现暖海面的空气吹向冷海面的形势，天气就有可能产生海雾。

海雾分布的范围也是十分广泛的，并且持续时间也很长。海雾在一天中任何时间都可能发生，一般中午前后气温升高，雾变稀薄，傍晚可能转浓。

按其形成原因，海雾大致可以分为两大类：一是受下垫面性质影响而形成的雾，如平流雾、蒸气雾、混合雾、辐射雾等；二是在天气系统影响下产生的雾，如雨雾等。

海雾的产生需要具备几个条件：一是要有合适的风力

与风向，风力太大或太小都不容易成雾，一般为 2 级 ~ 4 级中等风力为最佳，能够源源不断地输送暖湿空气；就从风向来说，大致与海面等温线垂直为宜。二是**要有一定的冷却条件**。平流过来的暖湿空气与冷海面之间温差越大，低层空气冷却越厉害，越有利于海雾的形成。所以，海陆交界地区和冷暖海流交汇水域是海雾发生最多的区域。三是**平流过来的暖空气水汽含量充沛，即温度大**。

如果具备了这些条件，海雾也就不难形成了。

为什么说海洋是“大空调”

海洋的热容量很大，远远超过了陆地和空气的热容量。不过海洋所容纳的热量总在不断地与外界进行交换。

夏天，海水温度低于陆地气温，海水就吸收空气中的热量。所以当内陆天气炎热、气温很高时，在大海附近的人们仍然可以享受到凉爽的天气；而到了冬天，海水的温度又会高于陆地上的气温，于是它

又向空气中散发热量，这便是当内陆地区特别寒冷之时，海滨依旧是温暖宜人，绿草青青的原因。怎么样，是不是很羡慕住在海滨的人们？

除了海陆之间的热量交换之外，**海水本身的运动也在传输着热量**。比如，海流可以把赤道附近的热海水送到两极地区，而两极海域的冷海水又会流向热带海域。

海水运动还可以形成海水温度的垂直交换。夏天和其他季节的白天海面接受的热量较多，海水可以把热量输送到深层贮存起来；而在冬天和其他季节的夜晚，海面温度下降，海水又会把贮存的热量带到表层释放出来。由此可见，海洋的温度调节功能还是很强的。

由于海洋的调节作用，在地球上纬度相同的地方，夏季沿海地区会比内陆天气凉爽，而冬季比较暖和。这样看来，海洋是一个名副其实的大空调。

海洋的底部是什么样子的

海洋底部并不像河底或湖底一样平坦，而是和大陆的地形非常相近，尤其是大洋盆地，其间点缀着高山和洼地。

海底那些面积巨大，而且像盆地一样凹下去的地方就是海盆。海盆是由于海底的地壳从海洋底部的中脊向两侧扩张而形成的。

海底十分广阔，有绵长崎岖的海底山脉叫海岭。还有高出洋底 1000 米以上的山峰，这种山峰被叫做“海底山”；海底

山也叫“平顶山”，因为它顶部平坦，看上去像平台一样。在很久以前，平顶山的山顶一般都露出海面或接近海面，后来由于海平面上升或海底的变化而下沉，才形成了如今海底的平顶山。所以，在平顶山上往往能发现只有在浅水里才生长的贝类和珊瑚化石。

大洋中还存在一些更深的地方，就像大陆上陡峭幽深的峡谷一样，叫作海沟。**世界上最深的海沟是位于西太平洋的马里亚纳海沟，深11034米。**如果把世界上最高的山峰——珠穆朗玛峰搬来放进去，距离海面还有2000多米呢！

海平面是怎样变化的

海平面会发生变化吗？它又是怎么变化的呢？我们先来看一看过去的地质历史，地球上曾经有过很多海平面升降的记载，今天世界上许多沿海大城市都曾经是海底的一部分。

对造成海平面升降的原因，科学家们有两种看法。一种认为：**地壳大面积的上升或下沉是造成海退和海进的原因。**如果从板块学说来分析，海平面的升降是与海底扩张的速率有关系的。当海底扩张的速率快时，大洋底比在一般情况下的大洋底要高一些，导致海平面上升；相反，当海底扩张的速率慢时，大洋底就会低一些，海平面就会下降。

另一种看法是：**海平面上升与下降的主导因素是受全球气候的冷暖变化影响的。**这种说法也很容易让人理解，当气候变冷时，大量的海水蒸发，变成了固体的冰雪，冰雪留在陆地上，形成大面积的冰川。由于冰川流回海洋的速度太慢，远远比不上海洋中海水蒸发的速度，因此陆地上的冰雪越来越多，而海水却越来越少，于是海平面就下降了。

当人类的生产和生活使大气中的二氧化碳与其他化学物质越来越多时，大气吸收太阳辐射的能力也越来越强，从而使全球气温不断上升，这样就形成了我们所说的“**温室效应**”，而这又恰好与气候变冷的道理相反，最终导致海平面上升。

鱼礁为什么被称为“鱼之家”

海底世界的奥秘真是有着太多太多了，让我们一起来探索吧。海底中凡是形状不规则的物体都会吸引鱼群，人们把这种能吸引鱼群的物体叫做“鱼礁”。鱼礁为什么能够吸引鱼群呢？答案众说纷纭，有人认为，海底鱼礁的出现，影响海水流动，形成上升水流，把营养丰富的底层海水带上来，为鱼群提供大量的食物，也有人认为，鱼礁可以使鱼群躲避风浪，又可避开天敌伤害。

海洋牧场里还有些人工鱼礁，这些鱼礁是人们为海洋生物能在海洋牧场栖息、安居建造的场所，使海洋鱼类不再终日在海上游荡，不再无家可归，不再受海洋中狂风巨浪的袭击，

不再遭受海洋中凶残的鱼类捕杀，使海洋鱼群有了一个安全、舒适的“家”，成为鱼的安乐窝，因此也叫“鱼之家”

目前世界上投放人工鱼礁最多的国家是日本，日本渔民从1950年开始，就为鱼类造人工鱼礁，他们还把一些废旧物品，比如废木船、废汽车、废钢铁、废发动机、石头等一股脑扔进海洋，建起许多的人工鱼礁。在人工鱼礁中，鱼儿欢跃、快速健康的成长、繁衍，从而使渔民的捕鱼量大大增加。

黑潮指的是什么

黑潮是指黑色的潮水吗？黑潮是潮吗？答案是黑潮不是潮，而是太平洋的一支暖流，是世界上著名的海流之一。那为什么称它为黑潮呢？难道它的海水是黑色的吗？

由于该海流水色蓝中带黑，故名“黑潮”。只是因为黑潮水杂质少，清澈透明，可以看到水下40米深的地方。每当太阳照射到黑潮海面时，清澈的海水吸收了较多的红、黄等色的长波光，而蓝色光大部分被反射回来。所以黑潮的海水与周围红黄的海水截然不同，而是呈蓝黑色，就好像大海里飘着一条黑色绸带一样。

又因为它流动很快，像潮水一般，所以人们就习惯称它为黑潮。

黑潮由北赤道暖流转变而成，水温和

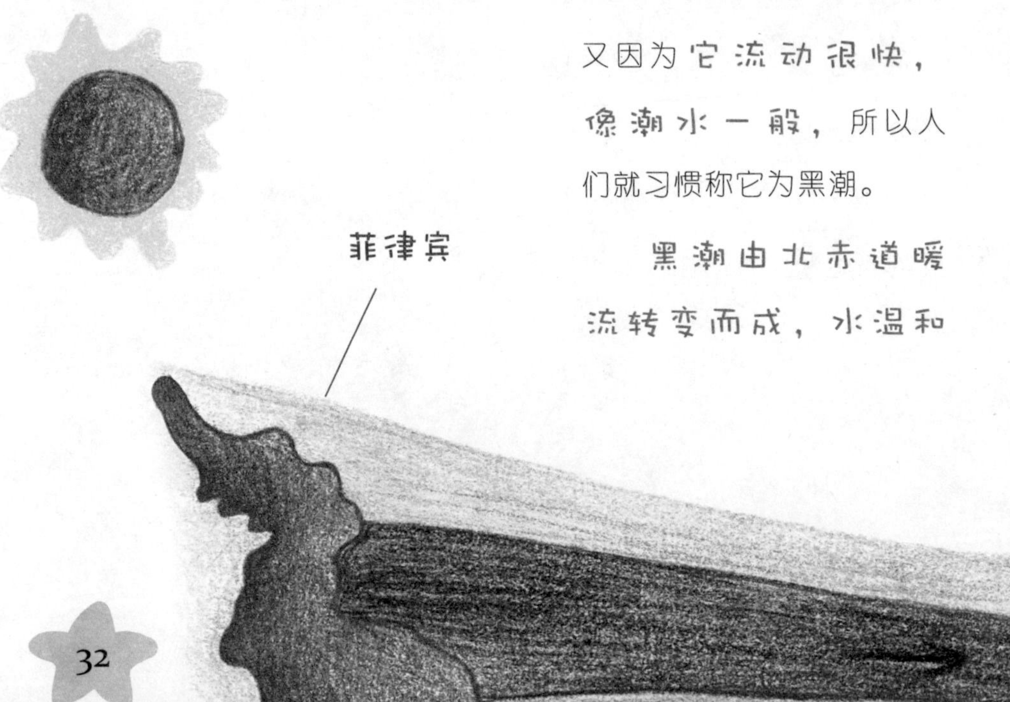

盐度较高。它的表层水温即使在冬季也不低于 20℃。因此，人们又称它为黑潮暖流。

黑潮从菲律宾东北部经台湾东侧流入东海，继续流向北部，在日本九州岛南部海面一分为二：一支转向东北，奔向日本海；另一支折向西北，进入中国的北黄海，并穿过渤海海峡流入渤海湾。

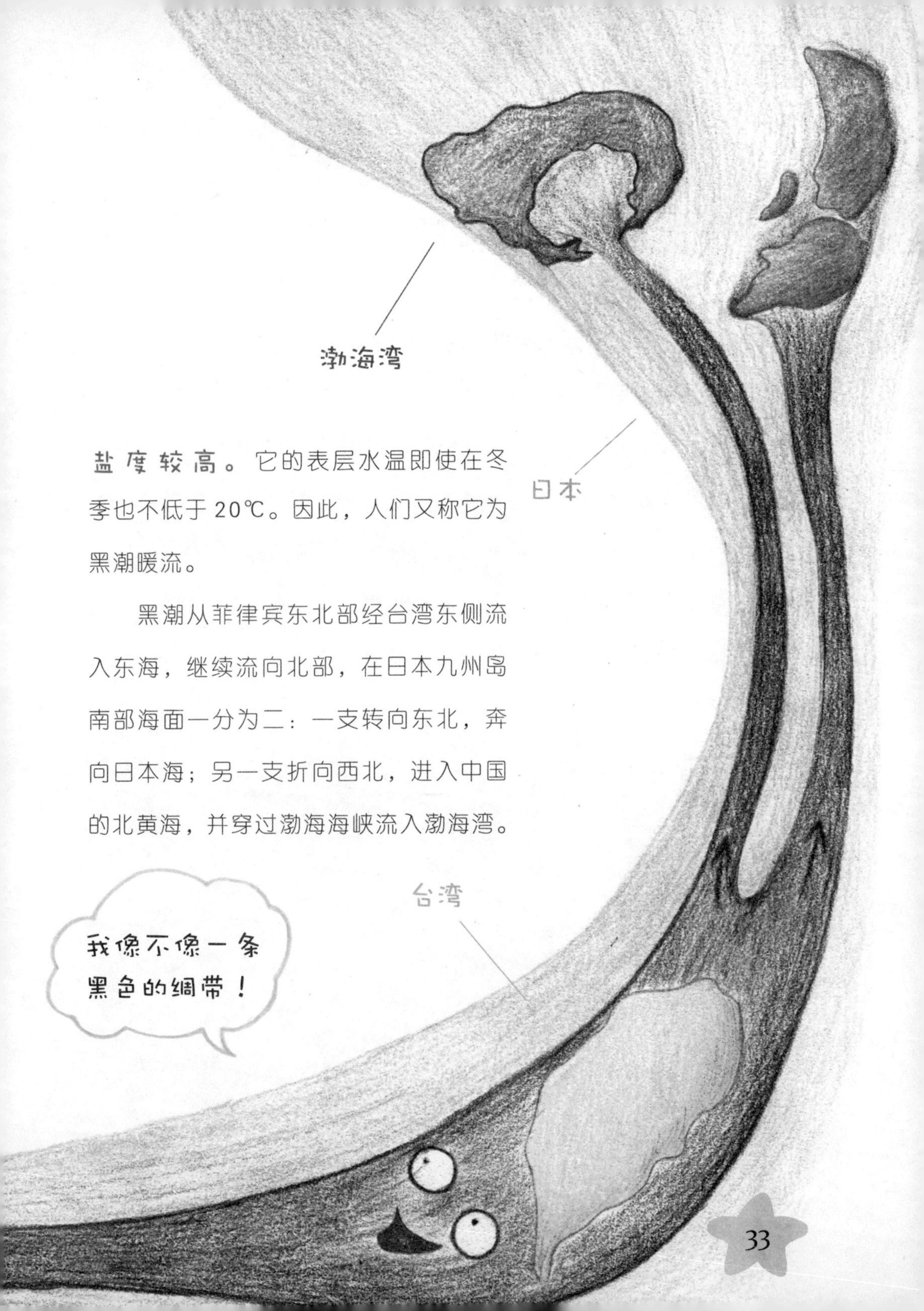

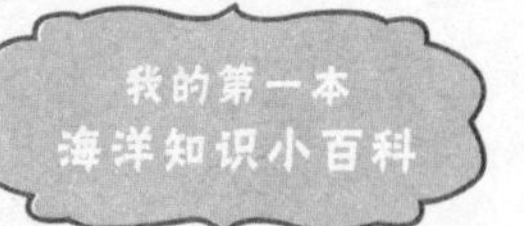

升降流是什么

我们知道洋流可以分为暖流和寒流，可是你听说过升降流吗？

近年来，世界各地纷纷建起了大型的海洋牧场，使渔业有了很大的发展。这些海洋牧场虽然不具备陆地上苍翠美丽的景色，却也有一番独特风光。但是，如果我们参观或是经过海洋牧场时，却常常能听到震耳欲聋的轰响声，海水像发了疯一样地上下翻腾，无数的鱼虾海兽也发疯似的游动、跳跃，只有海面上的海鸟最得意，因为它们往往趁机来饱餐一顿。那么，海水为什么会翻腾呢？什么现象具有这么大的力量呢？

原来，沸腾的海面是有两支海流相遇而形成的。当两股不同方向、不同性质的海流，特别是寒流和暖流相遇时，将会使平静的海面搅动起来，引起海水上下翻腾。这种下层冷水持续或者断续上升到表层的情景，一般称为上升流，与此相反的现象，叫做下降流。而升降流就是上升流和下降流的合称，是海洋环流的重要组成部分，它和水平流一起构成海洋环流。

升降流的发生除了与海流有关之外，与风也有着密切的联系。

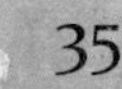

为什么会发生海啸

有时海啸对于人类来说是一种灾难，破坏力极强。每年都会因海啸而死亡好多人。日本、印度、菲律宾等是出现海啸最多的国家。

海啸又称“地震波”。由地震、海底火山喷发、地块滑动以及海底核爆炸等突然冲击，而在海洋中引起的长周期的波动。海啸的波速高达每小时 700 千米 ~ 800 千米，在几小时内就能横跨大洋；波长可达数百千米，可以传播几千千米而能量损失很小；在茫茫的大洋里波高不足 1 米，但当到达海岸浅水地带时，波长减短而波高急剧增高，可达数十米，形成含有巨大能量的“水墙”。

海啸是一种灾难性的海浪，通常由里氏震级 6.5 以上，震源

在海底50千米以内的海底地震引起。**水下或沿岸山崩或火山爆发也可能引起海啸。**在每一次震动之后，震荡波都会在海面上以不断扩大的圆圈，传播到很远的距离，正如卵石掉进浅水池里产生的波一样。海啸的波长比海洋的最大深度还要长，轨道运动在海底附近也没受太大的阻滞，不管海洋深度如何，波都可以传播过去。

海啸主要受海底地形、海岸线几何形状及波浪特性的控制，海啸的海浪水墙每隔数分钟或数十分钟就重复一次，摧毁堤岸，淹没陆地，夺走生命财产，破坏力极大。为此，我们不仅要了解海啸发生的原因，还要尽量采取有效措施减少破坏。

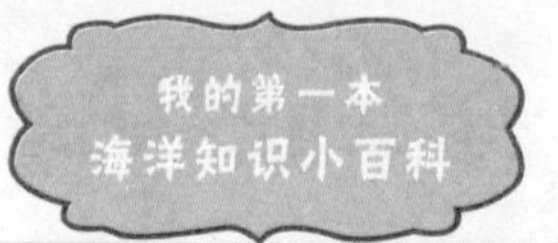

海浪是如何形成的

海洋里海水的波动统称为海浪，是海水的一种运动方式。其特点是有明显的周期性。海浪按成因可分为风浪、涌浪、潮波和海啸。

在我们的印象中，大海有着波涛汹涌的气势，翻滚的海浪好像能触到天空似的。其实，浩瀚的大海，时而白浪滔天，时而碧波荡漾，海面此起彼伏、上下颠簸，几乎没有平静的时候，这种海水的波动，看起来好像毫无规则，但是如果你能够仔细观察，就会发现它是**一种比较有规则的周期性运动。**这种有规则的运动被人们叫做“海浪”。

海浪现象极为平常，也极为复杂，但仍可通过海浪所具有的几个要素把它描述出来。在海面波动过程中，人们把波浪的最高点叫做波峰，最低点叫做波谷，两个相邻的波峰到波谷的垂直距离叫做波高，两个

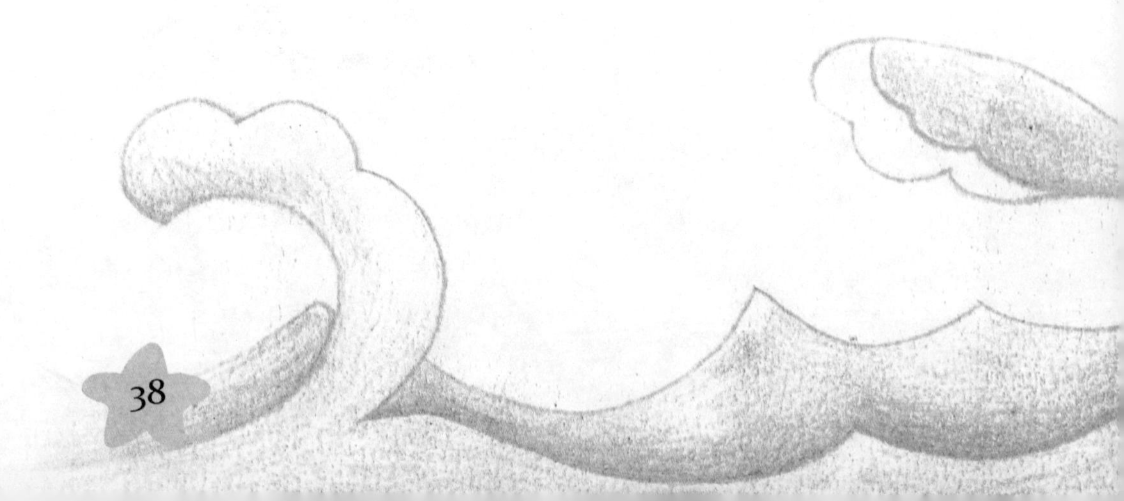

相邻的波峰或波谷相继通过一个固定点所需要的时间称为周期。波峰或波谷在单位时间里传播的距离就是波速。

人们按海浪的产生、发展的不同，把海浪分成了风浪、涌浪和近岸浪三种。风浪是在风直接作用下形成的海水波动现象；涌浪是在风停以后或风速方向突然变化，在原来的海区内剩余的波浪，还有从别的海区传来的海浪；风浪和涌浪传到海岸边的浅水地区便变成了近岸浪。在水深达到波长的一半时，海浪开始“触底”以后，波谷展宽变平，波峰发生倒卷破碎。原来，这就是人们说的“无风不起浪”与“无风三尺浪”都正确的原因。

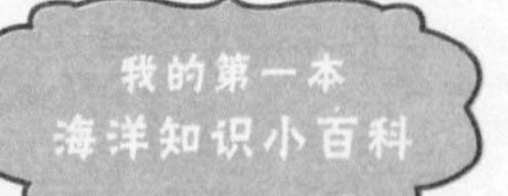

海底都是鱼的世界吗

天空是鸟儿的乐园，大海是鱼儿的家园，人们总是会羡慕它们的无拘无束、自由自在。可是，鱼儿们真的可以在海底的每个角落任意游玩吗？我们知道世界上有四大渔场：一是位于堪察加半岛和阿留申群岛附近的北太平洋渔场；二是位于大西洋东北部的东北大西洋渔场；三是位于大西洋西北部的西北大西洋渔场；四是位于秘鲁沿岸的秘鲁沿岸渔场。这四大渔场都处在寒暖流交汇地带，每当寒暖流交汇时，海水上下交汇、相混，下层带有丰富营养物质的海水就会到达表层，再加上水温和盐度适宜，阳光充足，适合于浮游生物（植物和动物）在此生长、繁殖，使大量鱼虾来此觅食，同时引来食肉性鱼类的前来，它们以较小的鱼虾为生。这样，各种海洋生物就从四面八方赶来这里争抢美食，形成著名渔场。

那么，在渔场里，是不是任何时候都能捕到大量的鱼呢？也不是。因为鱼群是随时移动的，鱼群本身又常有聚有散，**每种鱼都有自己的适温范围**。例如，冷水性的鲭鱼适温范围不能高于10℃，而暖水性的鲐鱼则适合于20℃以上的水温，随着季节冷暖的变化，这些鱼群就会作相应的移动。

另外，**鱼群的移动还受海水的盐度影响**，例如，带鱼喜欢在盐度偏高的水域产卵，大黄鱼喜欢在低盐度的海水里产卵。

所以说，**海洋里有没有鱼主要取决于海水营养成分的高低、海水温度及海水盐度等许多具体的环境因素**，并不是海里每一个角落都有鱼。原来鱼儿也不是那么自由的，它也要受着环境的约束。

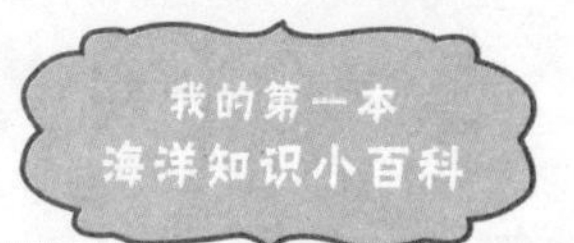

洋流是怎么产生的呢

海洋中除了由引潮力引起的潮汐运动外，海水还会沿一定的途径大规模流动，也就是我们经常说的洋流，也称“海流”。

盛行风是使洋流不断运动的主要力量；海水密度不同，也是洋流的成因之一。冷水的密度比暖水高时，冷水下沉，暖水上升。基于同样原理，两极附近的冷水也下沉，在海面以下向赤道流去，抵达赤道时，这股水流便上升，代替随着表面海流流向两极的暖水。

洋流可以分为暖流和寒流。若洋流的水温比到达海区的水温高，则称为暖流；若洋流的水温比到达海区的水温低，则称为寒流。一般由低纬度流向高纬度的洋流为暖流，由高纬度流向低纬度的洋流为寒流。海轮顺洋流航行可以节约燃料，加快速度。寒暖流相遇，往往形成海雾，给海上航行带来不便。此外，洋流从北极地区携带冰山南下，又会给海上航运造成较大困难。

在所有的洋流中，有一条洋流规模十分巨大，堪称洋流中的“巨人”，它就是著名的美国墨西哥湾流。它宽60千米~80

千米，厚700米，总流量达到7400万～9300万立方米/秒，比世界第二大洋流——北太平洋上的黑潮要大将近1倍，比陆地上所有河流的总量要高出80倍。若与我国的河流相比，它大约相当于长江流量的2600倍，或黄河的57000倍。**墨西哥湾流与北大西洋洋流和加那利洋流共同作用后，可以调节西欧与北欧的气候。**

墨西哥湾洋流受到风力、地球自转和朝向北极前进的热量所驱使，所带来的能量等同于美国发电能力的2000倍。若能成功利用这股强大的洋流，驱动设置在海中的涡轮发电机，就足以产生相当10座核能发电厂的电能。可见，如果能好好地利用洋流，它还将是人类的一种清洁能源。

海洋动物再生指的是什么

在路边，我们经常看到有两个垃圾箱，一个是可回收垃圾箱，另一个是不可回收垃圾箱。我们还经常听人说起可再生资源与不可再生资源。这些大家都会有所了解。可是你听说过可再生动物吗？

海星就是一种以贝壳类小动物为食物的可再生动物。因此，养殖贝类的渔民们往往想方设法消灭海星。最初，他们以为只要把海星撕碎就可以消灭它，可是事与原违，海星繁殖得更多了。这到底是怎么回事呢？

原来，海星的再生功能很强。由于它又笨行动又缓慢，所以常常

会被鱼、鸟撕碎，于是，**再生就成了它防御袭击和繁殖后代的手段**。它的再生能力是如此之强，以致于只要还有一个腕，过了几天就能再生出 4 个小腕和 1 个小口，再过 1 个月时间，旧腕脱落，又再生一个小腕，于是，一个五腕的海星得以重现。人们在海滨经常可以看到“断腿断臂”的海星，就是受伤后正在再生的海星。

其实，在低等动物中，这种再生能力很强的动物很常见。比如更让人不可思议的章鱼和海参，一到冬天，章鱼就潜入海底，**吃自己的脚爪**充饥，直到把八只脚爪都吃完为止，才闭眼不动。等到第二年春天，它又长出八条新的脚爪。**海参遇到敌害时，可以把自己的内脏全部抛出**，以转移敌害的注意力，趁机逃之夭夭。大约 50 天后，它可以再生出一副新的内脏。这类海洋动物就像陆地上的壁虎一样，断尾逃生，生命力旺盛，是自然选择的结果。

海水温度会因旱灾而变化吗

人们对海洋的普遍印象是：能够给大陆带来温暖适宜的气候和恰如其分的雨水，甚至有人把海洋比作能够调节气温的“大空调”，而海洋与旱灾的关系，恐怕就很少有人知道了，这其中的关键是**洋面温度的异常变化**。

通常在春夏两季，来自海洋的湿润气流会上升，给陆地带来雨水。此后，气流到达太平洋，吸收水分后返回，再降甘霖于大地。这一循环有着以下几种原因：一是**如果海水温度比正常水平高，那**

么海面空气受热上升，形成低气压，使凉爽高压气流偏移，湿润气流就会背离目的地；二是如果海水的温度比正常低，温润气流同样会背离目的地；三是如果海水的温度比正常低，到达陆地上空的气流就干燥，带来的雨水变少。

虽然早知道洋面温度对降水能起重要作用，但细微的异常变化就能对陆地气候产生这样巨大的影响，这是很多人无法预料的。

目前，随着科学技术的进步和对大自然的了解，计算机气候模型的发明能提前半年或一年预告干旱天气。人类也可以进一步加强海洋水温数据分析，以提高模型的预测能力。

海洋上空为什么多夜晚降雨

海洋上的降水大多发生在夜晚，譬如，在中纬度西风带的洋面上，就经常会出现夜晚下雨，正午时候最少降雨。

陆地白天下雨的次数远远多于晚上。在中低纬度，太

阳高度角比较大。太阳照在地面上因固体的热容量小，故地面很快增温，于是近地面的空气层也很快被烘热。下层热而轻的气团就要上浮，形成对流天气，热空气在上升的过程中冷却降温，水蒸气若达到饱和就形成了云致雨。

海洋上空雨水的形成与陆地上雨水的形成是完全不一样的。因为**海水的热容量大，白天接受相同的太阳热量，海水升温少，上层空气温度比水温高。**于是，近海面的空气向海面输送热量，这样下层空气的温度反而比上层低，因此阻止了对流发生，白天降水就不易形成。反而是到了夜深人静的晚上，比较容易形成降水，此时的**海水散热慢，海面温度比气温高**，海面向低层空气输送热量，使海面上空低层的气温比上层高，热空气就要上浮，这就形成了不稳定的空气层结构，从而形成降水。

海滨的空气为什么相对清新

大家都喜欢去海滨度假，那里不仅景色迷人，而且空气非常清新。这是为什么呢？

海浪每天不停地拍打着海岸，海潮也时涨时落，给海滨的人们带来美丽的景色和悦耳的浪涛声，同时也带来了湿润新鲜的海滨空气。

海滨的空气中之所以会如此新鲜，是因为它含有大量的负氧离子，也就是是带负电的离子，这些离子具有杀菌的作用，在空气中能抑制细菌的繁殖，被称为“空气维生素”，通过人的呼吸它还可以进入人体，改善肺的换气功能，增加氧的吸收量和

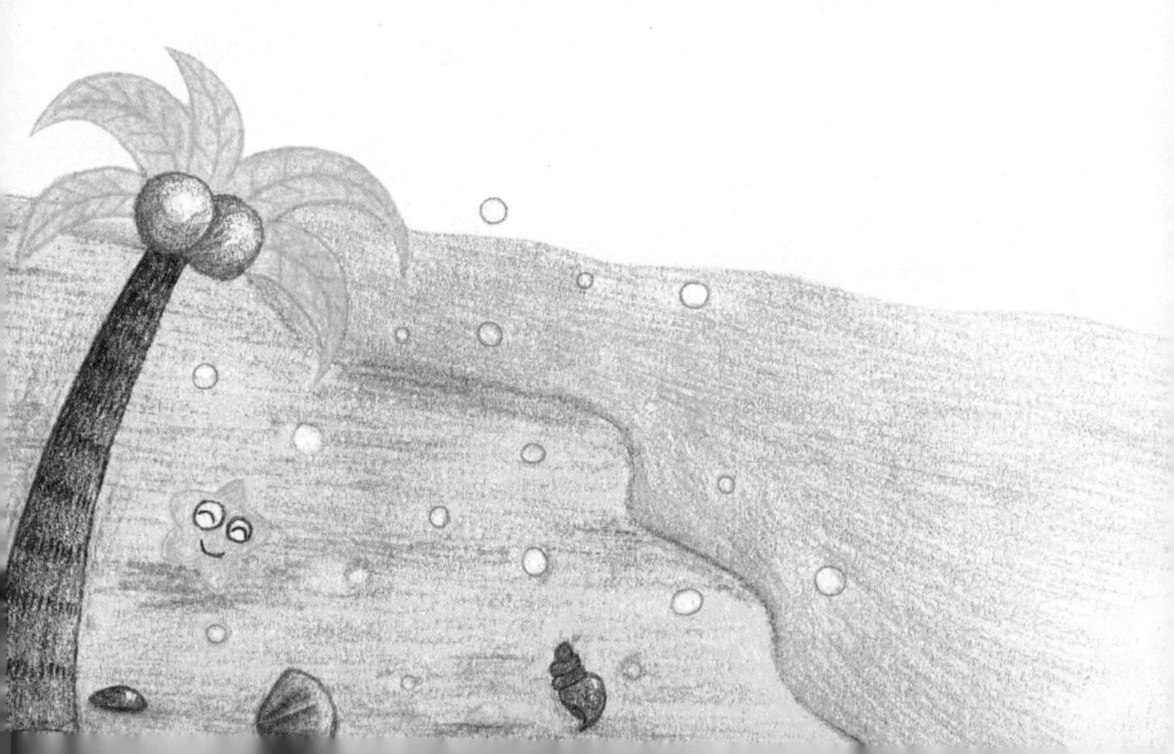

二氧化碳的呼出量。

除此之外，**大量的负氧离子还能增强人的交感神经的功能，使人精神焕发，精力充沛，以及增加血液中的血红蛋白的含量。**因此，海滨建有很多的疗养院，因为海滨空气对患有肺气肿、高血压、神经衰弱、哮喘、贫血等疾病的人有很好的治疗作用，有益于患者的康复。

在城市的公共场所，每立方厘米含负氧离子为 10 个 ~ 20 个，室内含 40 个 ~ 50 个，绿地草坪可为 100 个 ~ 200 个，而海滨可达 1 万多个，是室内的几百倍！如此一来，海滨的空气当然要清新的多了。

海底和陆地上一样多峡谷吗

也许你会认为海底和其他河流、湖泊一样有着平整，但事实上，海底的形状和陆地上是一样的，有绵延7万多千米的海底山脉——大洋中峡，也有深邃的海底裂谷——海沟。有广袤的平原和深陷的盆地。海底峡谷一般横贯于大陆架和大陆斜坡，呈直线形，海沟的两壁是阶梯状的陡壁，其横断面呈“V”字形，分布于大洋的边缘，紧靠岛链或在大陆沿岸山脉的外侧，深度在6000米以上。海洋中共有38条海沟，太平洋最多，共有29条，最深的是西太平洋的马里亚纳海沟，深度为11034米！

海沟的形成有着几种解释，其中最让人们认可的说法是，海沟是大陆坡上的沉积层在地震作用下顺大陆斜坡滑动时产生的沉积流的结果。

在冰川时期，海平面显著下降，大陆架变成了大面积的浅水区，在风暴和浪潮的作用下，浅水区的泥沙被海浪搅拌起来，形成比较重的沉积层，这种沉积层由于地震所产生的强大作用力，像一股巨大的激流，从大陆架流出，沿着大陆坡流到大洋底，而地壳活动的频繁地带又多在大陆坡，地壳的断裂形成了海底峡谷的雏形。强大的海底沉积流顺着海底裂缝滑动，经过漫长的岁月，形成了今天海沟面貌。

海沟产生的原因，目前还无法给出结论。但是，相信在不久的将来，它的秘密会被彻底揭露出来。

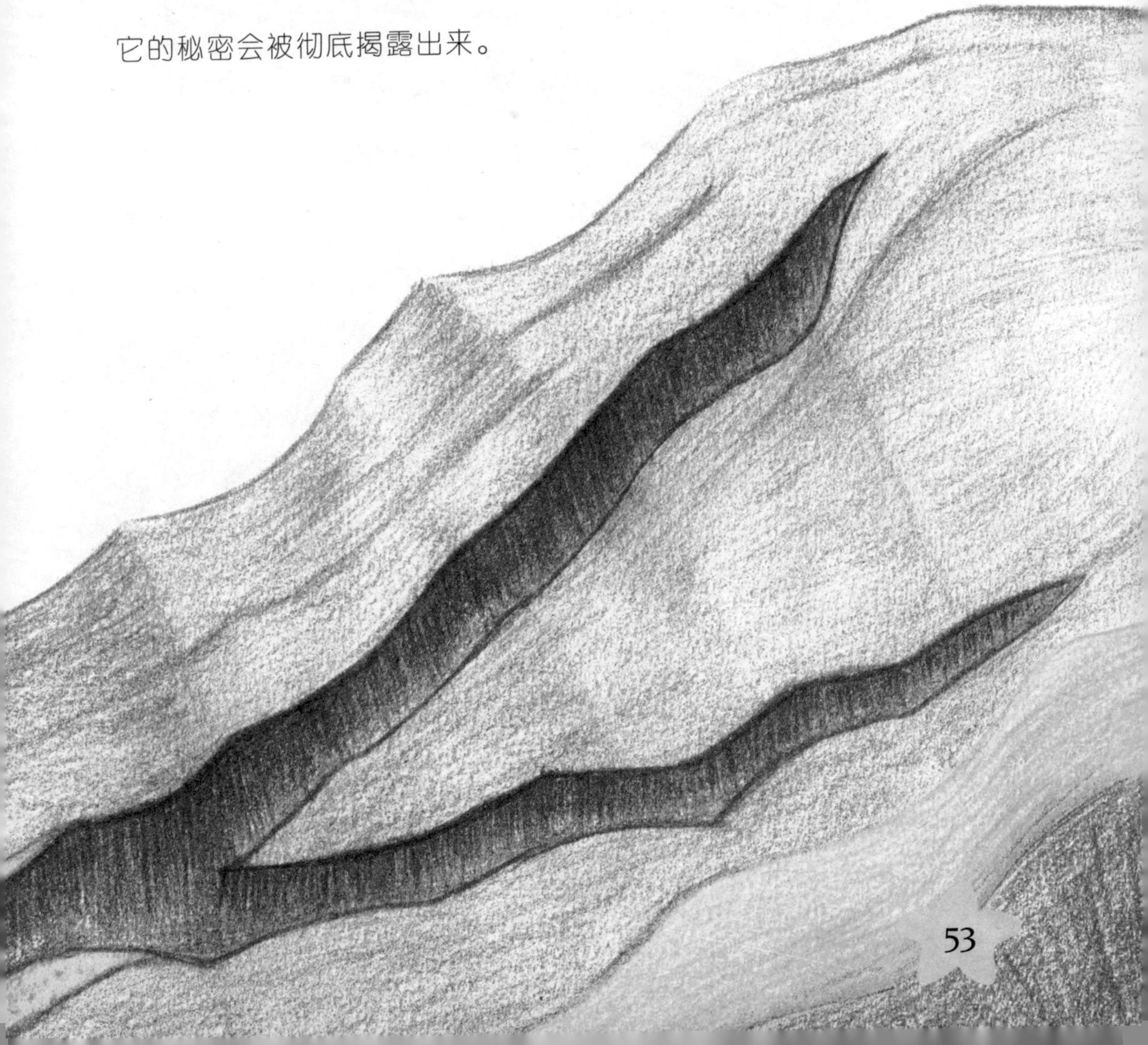

北冰洋上全都漂浮着冰吗

世界上最小的大洋是北冰洋，位于亚洲、欧洲、北美洲的北面，北极圈之内。它的面积只有 1300 万平方千米，还没有太平洋的 1/13 大，可是它却比整个欧洲的面积大 300 万平方千米。

北冰洋在地球的最北端，是非常寒冷的地方。除了我们知道的北极熊以外，很少有动物可以在那里生存。冬季最低气温曾达到 -52℃，最热时候的气温一般也不超过 6℃，全年绝大部分时间，北冰洋的气温都在 0℃以下。在这种气候如此寒冷的地方是不下雨的，落在大洋中和岛屿上的是一些亮晶晶的小冰粒。寒冷的气候使得北冰洋成为一片银白色的冰雪世界，洋面上覆盖着一层厚厚的冰盖，最厚的有 30 米，较薄的地方也有二三米厚。人们常说北冰洋是地球上的一个“冷气库”，也是一个巨大的“天然冰窖”，确实是实至名归之言。

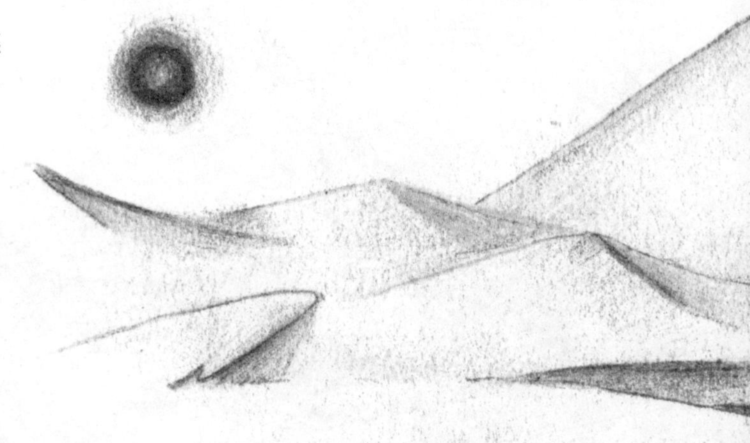

北冰洋的四周有着亚、欧、北美陆地延伸到

北冰洋的宽阔的大陆架，其面积占全部大洋面积的 1/3 以上，最宽的地方有 1300 多千米。

不过，北冰洋大陆架上有丰富的资源等待人们去开发。未来的某一天，它也将会是一个宝贵的资源库。

随着全球变暖，北极的冰缘近些年来已逐步融化，这有利于开辟北欧经北冰洋至北太平洋沿岸的航线，比经过地中海—红海—印度洋—太平洋的航线缩短 2/3 以上，我国前两年已开通了经北冰洋至欧洲的航线。

深潜器是谁发明的

在西太平洋的马里亚纳群岛附近，有一条**世界上最深的海沟——马里亚纳海沟**。在马里亚纳海沟的南端有世界第一深渊，被称为“挑战者深渊”，深度达 11034 米，吸引了不少勇敢无畏的探险家。

第一个为深海探险做出巨大贡献的是瑞士物理学家奥·比卡特教授。1931 年，他最早发明了**一种以气球加密封舱形式存在的探空气球**，可垂直上升到 16 千米的高空，还能够进行同温层探险，并且在密闭舱内安全度过了 16 小时，创造了高空探险高度与时间的 2 个世界纪录。当然，这种探空气球最先并非专为深海探险而研制。

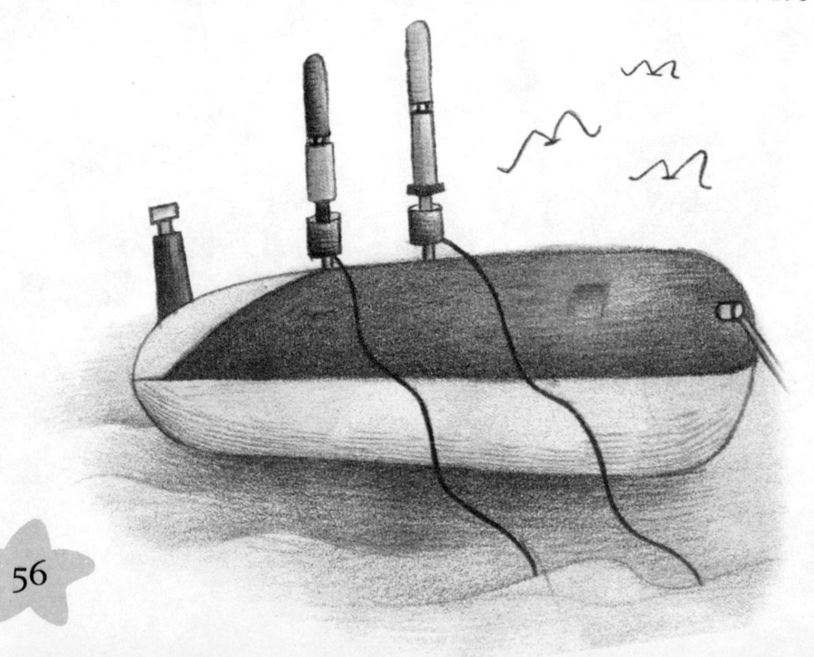

1933年，奥·比卡特教授在美国的一次国际展览会上碰到了深潜球的发明者毕比。两位大科学家在相互交流的时候，无意中碰撞出智慧的火花。当时，毕比向奥·比卡特教授诉说了一些关于深潜球的情况，如深潜球会随着深度的增加而变得越来越重，吊它的钢丝绳不堪重负，会出现止步不前的情况。奥·比卡特教授听了毕比的诉说之后，产生了一个想法——把自己的探空气球原理用到深海探险上去。

就这样，两个不同领域的科学家发明了一个新成果——用轻质合金制造的船体充满汽油，作为海中的浮体为深潜球提供浮力，人坐在耐高压的球形密闭舱内进行深海探险。这个成果很快得到了实际应用，如“FNRS”号深潜器就成功下潜到海底4000米深度。后来，人们又设计出了更加先进的深潜器，计划到万米深渊去探险。

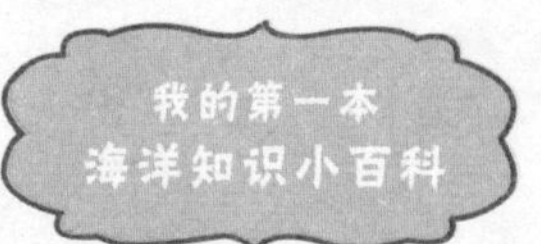

为什么说热带海洋是台风的老家

说起老家，我们涌上心头的总是亲切、怀念、幸福等情绪。其实，不仅我们人类有老家，台风也有老家，台风的老家是热带海洋，因为热带海洋才是台风真正生成的地方。

由于热带海洋海面气温非常高，使低层空气可以充分接受来自海面的热量。那里又是地球上水蒸气最丰富的地方，而这些水蒸气正是台风形成发展的主要原动力。没有这个原动力，台风即使已经形成，也会很快消散掉。

此外，热带海洋与赤道有一定距离，地球自转所产生的偏转力有利于台风发展气旋式环流和加强气流辐合。还因热带海面状况比中纬度处简单，因此，同一海域上方的空气，往往能保持较长时间的稳定，使台风有充分的时间积蓄能量，酝酿出台风。

在这些条件的作用下，只要有合适的触发机制，例如，高空出现

辐散气流或南北两半球的信风在赤道稍北地方相遇等，台风就会在某些热带海域形成。根据统计，在热带海洋，**台风常常产生在洋面温度超过26℃以上的区域。**

经常产生台风的海洋，主要是菲律宾以东的海洋和南海。这些地方海水温度比较高，也是南北两半球信风相遇之处。

“印度洋”名称的由来

“印度洋”这个名字极容易让人想起印度，它和印度有关系吗？

印度洋在我国古代被称为“西洋”，我们经常说的郑和下西洋，指的就是印度洋。

早在古希腊时期，著名地理学家、历史学家希罗多德（公元前484年~425年）曾称它为“厄立特里亚海”，意为“红海”。初时指的可能就是现在的红海，可后来穿过曼德海峡发现还有更大的海域，于是就用这个名称泛指整个印度洋。到古罗马时期，印度洋被罗马人称为“鲁都姆海”，但这个名字只不过是希腊语“厄立特里亚”的意译，也是“红海”的意思。同一时期，印度洋还被人称为“南海”、“东海”等等。原来印度洋的曾用名还这么多呀。

一直到15世纪末，葡萄牙著名航海家达伽马为了寻找通往印度的航线，绕过非洲南端的好望角进入这个大洋后，发现其位于印度半岛南边，才开始使用印度洋这个名称。后来这个名称逐渐为人们所接受，并成为通用的名称。

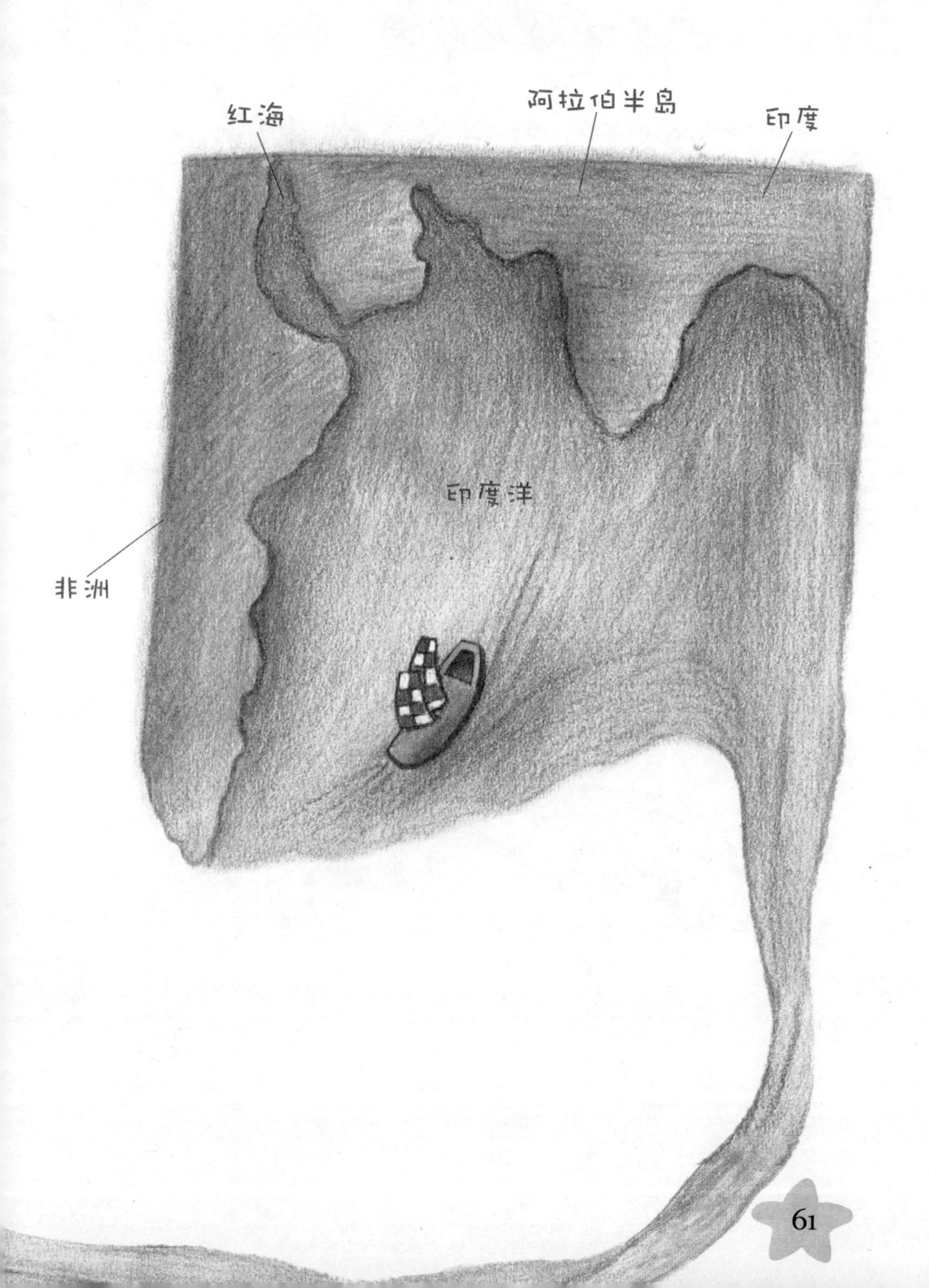
红海
阿拉伯半岛
印度
印度洋
非洲

“大西洋”名字是怎么来的

在西方的各种语言中，大西洋被称为“阿特兰仕洋”，这个名字源自于古希腊神话中的一位英雄阿特拉斯的名字。

在古代希腊神话故事中，阿特拉斯是普罗米修斯的兄弟。普罗米修斯因盗取天火而触犯了天条，被万神之王宙斯判处死刑，绑在高加索山上，让雄鹰啄其心肝。阿特拉斯也因此受到牵连，宙斯让他用头顶起整个地球，永远不准放下。

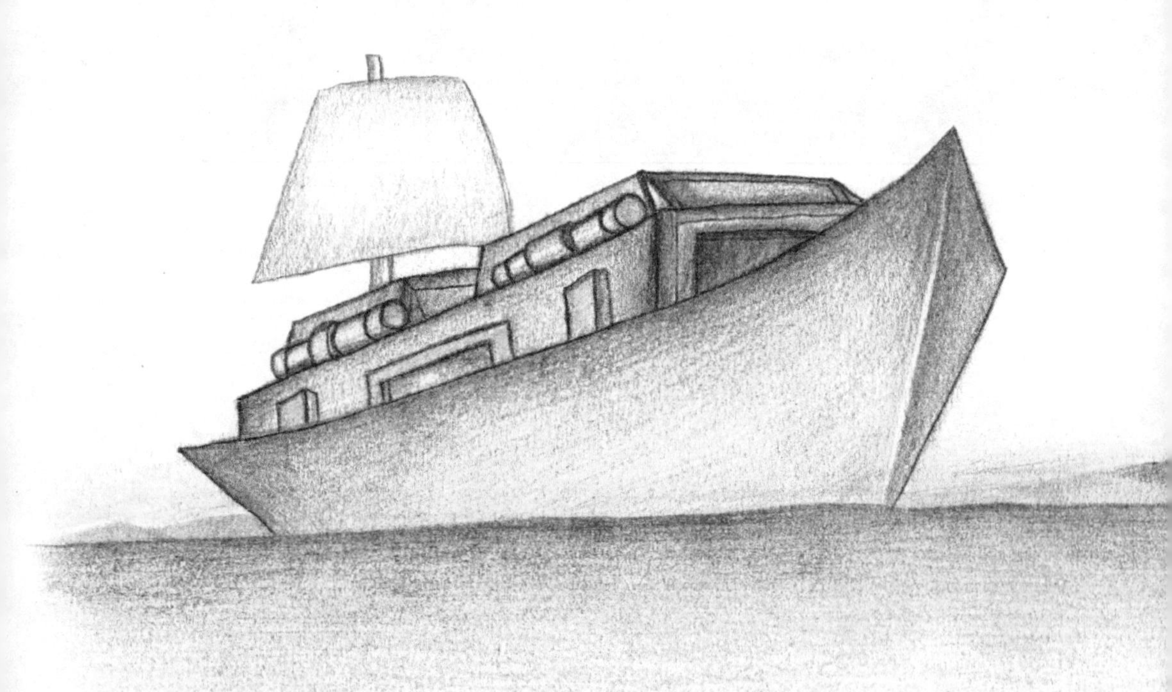

传说这位顶天立地的大力神住在极远极远的西边，人们看到大西洋海域宽广，无边无际，以为它就是阿特拉斯的栖身之所，就把它称为阿特兰他（阿特兰他是阿特拉斯的形容词）。据说这位大力神能说出任何一个海洋的名字。

然而，我们现在使用的大西洋这个名字却与大力神阿特拉斯无关，而是根据明朝时欧洲传教士编绘的世界地图上拉丁文名称意译过来的。而且在古代，大西洋南被称为“西洋”或“北海”。直到17世纪中期，西方各国才把“阿特兰他洋”一名扩大到大西洋北部。

“太平洋”和“北冰洋”名字的由来

太平洋最初没有统一的称呼，我国古代把它笼统地称为“沧海”、“东海”等，在国外也曾有人将它命名为“南海”。现在使用的名称是葡萄牙著名航海家麦哲伦取的。

1519 年，麦哲伦带着由几只帆船组成的船队横渡大西洋，几个月后到达南美洲的巴西海岸。接着他们沿海岸继续向南航行抵达南美洲最南端，然后从东而西穿过一条曲曲折折、长达 100 多千米的海峡——后来以他的名字命名的麦哲伦海峡，进入太平洋海域。麦哲伦发现这里波平如镜，非常安全，一路上都没遇到一次大的

风浪，对于航海家来说是一个极好的地方，与汹涌澎湃、波浪滔天的大西洋形成鲜明的对照，因此，他给这片大洋起名为“太平洋”。

北冰洋名字的由来则相对简单一些，主要有两个方面的原因：一则因为它处于以北极为中心的地区，二则因为这一地区气候严寒，洋面上常年覆有冰层。所以，人们称之为“北冰洋”。至于“北冰洋”这个词，则是从希腊语中得来的，大意是指正对着大熊星座（即北斗七星）的海洋。

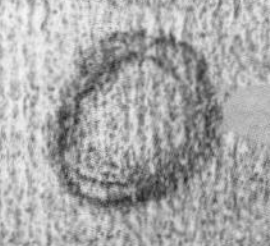

海洋中也有淡水井吗

大家都知道海水中含有很多的盐分和其他物质，使得海水又咸又苦无法饮用，可你知道海水中也含有淡水吗？这是不是一个很大的喜讯呢？

在海洋底床中蕴藏着大量的淡水资源。在美国佛罗里达州和古巴之间，海面上有一个直径30米的淡水区，水色、

温度与周围海水不同，人称“淡水井”。在我国福建省古雷半岛东边500米的海面上，也有一个淡水区，叫“玉带泉”。这两个地方就足以证明海洋中是含有淡水井的。

原来，**这两片淡水区域都是“海底喷泉”所致**。因为海底的海水构造与陆地相连，由陆地予以补给；加之地下水露头很低，在海面以下，很容易形成“海泉”。在美国，已发现有200处“海泉”，我国近海海域也发现有几十处。

除此之外，科学家还发现，**在海底海相与陆相交互的地层中，陆相地层也有淡水层保存**。但它们一般不与陆地含水构造相连，也没有露头，成为封存的“化石淡水”。目前，国外已有不少开发海底淡水的实例，我国也正在积极探索开发，一旦开发成功，将会给缺水地区的人民带来福音，解决淡水短缺的问题。

> 海水是陆地淡水的来源，是世界气候的调节器，每年约有450万立方公里的海水通过蒸腾作用变成雨雪，其中90%落回海洋，10%降落在陆地上再通过河道回到大海。

浪花为什么是白色的

当爸爸、妈妈带你到大海边，或者小河旁散步时，你是否注意过在碧蓝的海面上会卷起无数浪花；山间晶莹的流水，从高处流下时，也会溅起许多水珠。如果我们仔细观察，会发现浪花和水珠都是白色的，这就奇怪了，浪花为什么是白色的呢？

这是因为**浪花主要是由泡沫和一些小水珠组成**，泡沫的表面是水膜，小水珠就像一些小棱镜；当光线照在泡沫和水珠上时，会在它们的表面发生反射和折射。折射到泡沫和水珠内的光线，射出时又会碰到周围的泡沫和水珠的表面，又将发生反射和折射……最终光线经过多次折射和反射后，从各个不同的方向反射出来。又因泡沫

和水珠的表面对各种颜色的光反射机会几乎是均等的，不是选择反射，所以在日光下浪花呈白色。

其实，**雪花呈白色与浪花呈白色的道理是一样的。**由于构成雪片的冰晶体结构复杂，有许多反射面，能使光线充分地反射和折射，使得雪花呈现出洁白的颜色。而水的情况就不同了，我们都知道**水是透明的，是因为水在不深的情况下，各种颜色的光都能穿过。**

海水会结冰吗

我国长江（大约北纬30°）以北的湖泊，冬天都有冰冻现象。但是，在北纬60°以南的海洋表面上，几乎难以见到就地生成的海冰。这是因为海水结冰要比陆地上淡水结冰困难得多。

首先，海水含盐量太高，降低了海水的冰点。淡水冰点是在0℃，含10‰盐度的水冰点为-0.5℃，而含35‰盐度的水冰点是-1.9℃。地球上各大洋海水平均盐度为34.48‰，因此，海水的冰点在-1.9℃左右。

再则，**海水的密度是随盐度增加而降低的。**它的降低速度比冰点随盐度增加而降低的速度快。此外，海洋受洋流、波浪、风暴和潮汐影响很大，这些因素一方面加强了海水混合作用，另一方面使冰晶很难形成。

海洋难以封冻对世界气候有着很大的好处，它可以使气候比较温暖湿润，适于生物的健康成长。

但是，并非所有的海洋都不封冻，譬如海洋封冻情况在亚欧大陆东西两岸差别就很大。欧洲西岸由于既受西风、又受墨西哥暖流的影响，冬季海港不冻。亚洲东岸冬季受大陆季风控制，加上南下的鄂霍次克海寒流和日本海寒流的影响，沿海封冻较强。

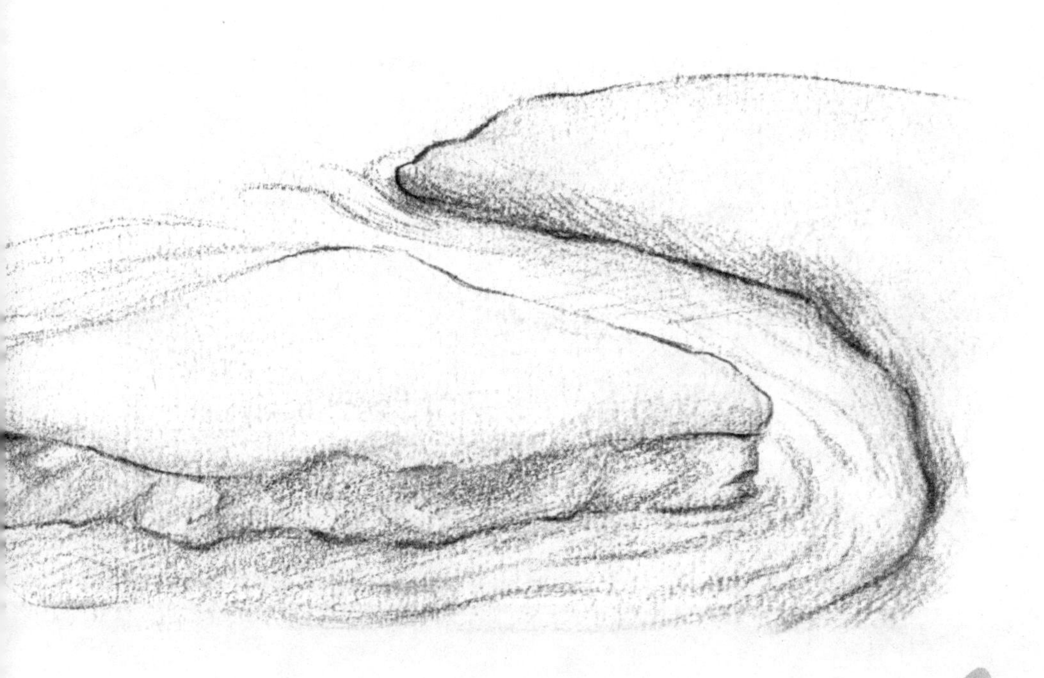

含盐量最低的海域在哪里

波罗的海在欧洲北部，深深地镶嵌在斯堪的纳维亚半岛与大陆之间，面积有38万多平方千米。它的形状奇特，很象一个巨大的海湾或河口，**只在西南部通过几条狭窄的海峡与大西洋的边缘海——北海相通**，它们是厄勒海峡、大贝耳特海峡、小贝耳特海峡和卡特加特海峡。这几个海峡虽然又浅又窄，但却是波罗的海经北海出入大西洋的重要通道，有“北方的达达尼尔海峡”之称。

波罗的海与外海相通的几个海峡又窄又浅，**外海的海水不容易流进来，同时流入波罗的海的河流很多，淡水源源不断注入海中。**加上波罗的海在欧洲北部，**气候比较冷，海水的蒸发很少**，所以，它的含盐量比其他海洋的含盐量低得多。西南部与外海相通的海域含盐量20‰左右，到北部的波的尼亚湾一带只有2‰，平均含盐量还不到8‰。因此，波罗的海是世界上著名的低盐度海。

波罗的海位于北纬54° 以北，冬

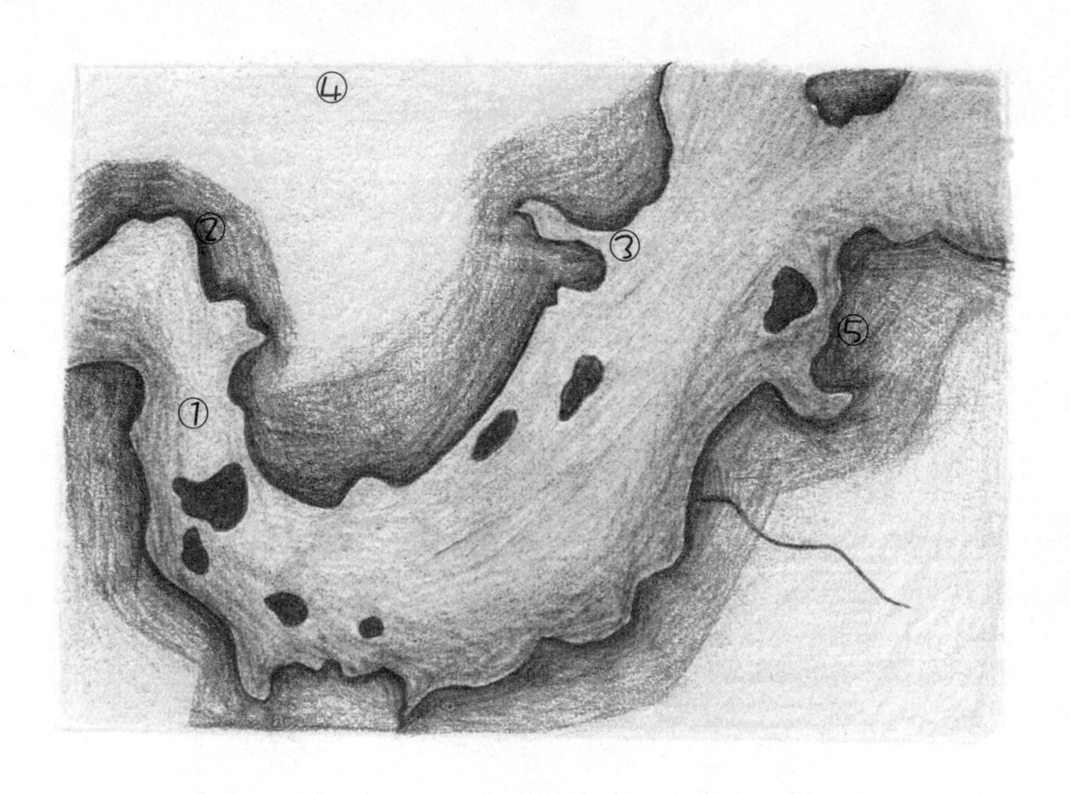

①厄勒海峡　②卡特加特　③波罗的海

④瑞典　⑤埃尔尼亚

季北部表层水温在 0℃以下，海水含盐量又很低，所以，冬季有三四个月结冰期，这时北部是无法通航的，而南部通常不结冰，终年可以通航。因此，对于一个经常出航的人来说，是要多了解这些知识的。

南极冰海下有生物吗

南极洲是世界上最寒冷的地方，其附近的海面上一年中有 11 个月都会覆盖着 3 米 ~ 5 米的厚冰层，冰层下面的海水温度可达零下 2℃，这里的海水含盐浓度非常高。大家都知道，纯水的冰点是 0℃，而比较咸的海水的冰点则是在 0℃以下，也就是含盐浓度越高的海水，其温度就会越低。

在 20 世纪 80 年代，美国生物学家曾到南极冰海下进行了一段时间的科学考察。在那里，他们钻穿了 5 米厚的冰层，把遥控的电视摄像头伸到冰层下的海水中，然后在冰面上的电视屏幕上观看冰海下的

情况。很快，电视屏幕上便出现了奇异海洋生物的近镜头：在600米深处出现了一种拳头大小的短脚甲壳动物，全身呈金黄色，有一双乌黑的、闪闪发光的大眼睛；还有一种五星状的海星，5条长臂都是黄色的，不可思议的是，镜头中还出现了一只刚刚出生的小海星；海底深处栖息着一种黑色中带斑纹的海蜘蛛，有4对5厘米长的8节足；除此之外，在较浅的海水中，还有一些奇怪的小鱼在游动，能够在零下2℃的海水中自由生活，说明它们的血液是不怕低温冻结的，这真是一件令人惊讶的事情。

这些重要的发现，揭示了南极冰海下的生物之谜，证明了那里也是生命活跃的世界。

红海是红色的吗

红海是印度洋的一个边缘海，它像印度洋的一条巨大的臂膀深深地插入非洲东北部和阿拉伯半岛之间，成为亚洲和非洲的天然分界线。

红海形状狭长，从东南向西北延伸，全长 1932 千米，而最宽处只有 306 千米，面积约 45 万平方千米，平均深度为 490 米，中部最深的地方达 2600 米以上。红海北部分岔为两个海湾，东南的叫亚喀巴湾，西面的叫苏伊士湾。红海南部以狭长的曼德海峡同阿拉伯海的亚丁湾相连，北部通过苏伊士运河和地中海相通，地理位置十分重要。

红海的海水颜色与其他海水的颜色相比是比较特别，不是蔚蓝色，

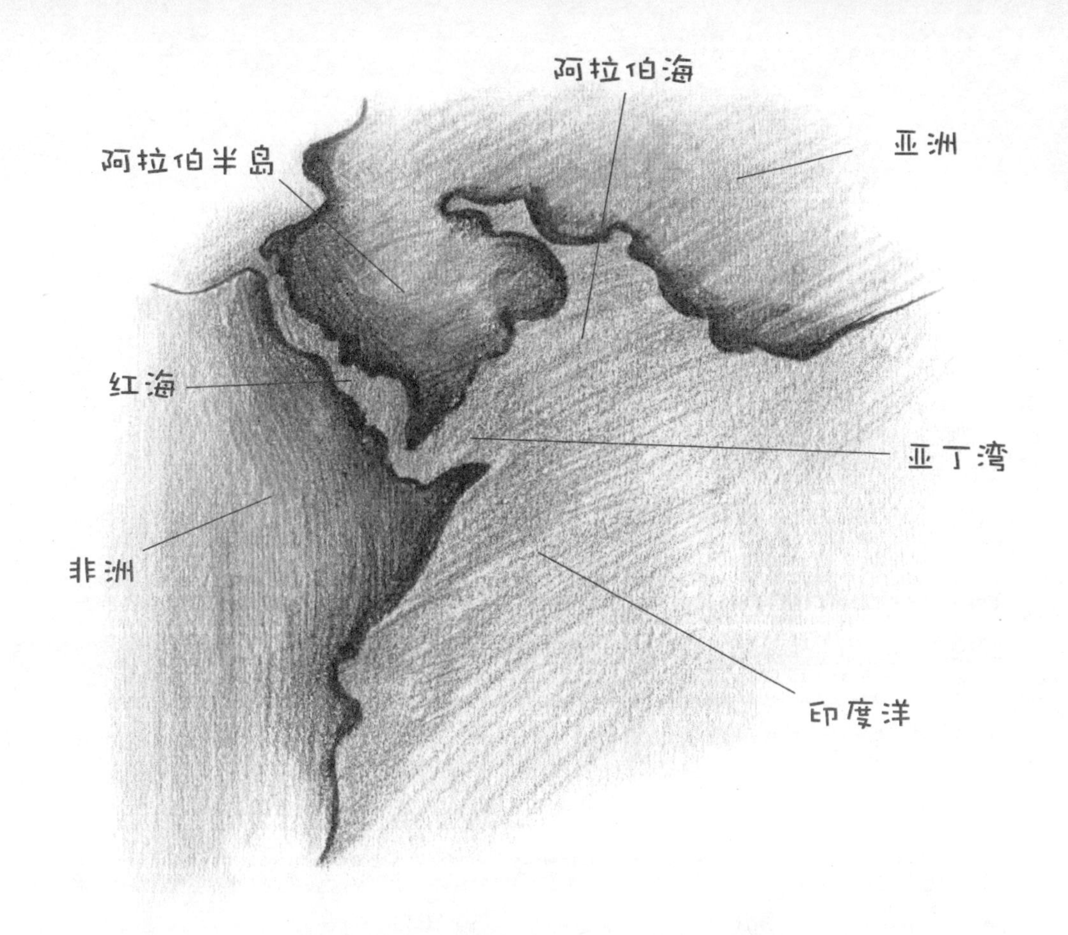

而是红褐色的。这是什么原因呢？

原来，在红海表层海水中繁殖着一种海藻，叫做蓝绿藻，死亡以后会变成红褐色。你可以想象一下，许多红褐色的海藻漂浮在海面上，海水怎么可能仍然是蔚蓝色的呢？除此之外，还因为红海东西两侧狭窄的浅海中，有不少红色的珊瑚礁，两岸的山岩也是赭石色的，在它们的衬托和映照下，使海水越发呈现出红褐色，于是它就被人们称为红海了。

另外，红海是由大陆漂移而形成的，与大洋中脊一样，是地球的“伤痕”。

“黑海”名字的来历

黑海是一个典型的深入内陆的内海，面积约 42.4 万平方千米，位于欧洲东南部的巴尔干半岛和西亚的小亚细亚半岛之间。黑海形似椭圆，周围有很多国家：如北岸为乌克兰，东北岸为俄罗斯，格鲁吉亚在其东岸，土耳其在它南岸，保加利亚、罗马尼亚和摩尔多瓦在其西岸。黑海西南部通过土耳其海峡与地中海相连，是沿岸各国重要的海上运输通道。

黑海的含盐量比地中海的含盐量要少，但是水位却比地中海高，因此黑海表层比较淡的海水通过土耳其海峡会流向地中海，而地中海又咸又重的海水又从海峡底部流向黑海。黑海南部的水很深，下层不断接受来自地中海的深层海水，这些海水含盐多、重量大，和表层的海水很少对流交换，所以深层海水中缺乏氧气，好像一潭死水，鱼类也很少。如果你乘船在黑海海面上航行，从甲板上向下看去，就会发现海水的颜色很深，近于黑灰色。黑海也因此而得名。

另外，关于黑海的由来还有一个很有趣的说法，最初使用黑海这个名字的，是居住在黑海南岸的希腊人、波斯人、土耳其人。他们以不同颜色作为东南西北的标志；黄色为东，红色为南，蓝色或绿色为西，

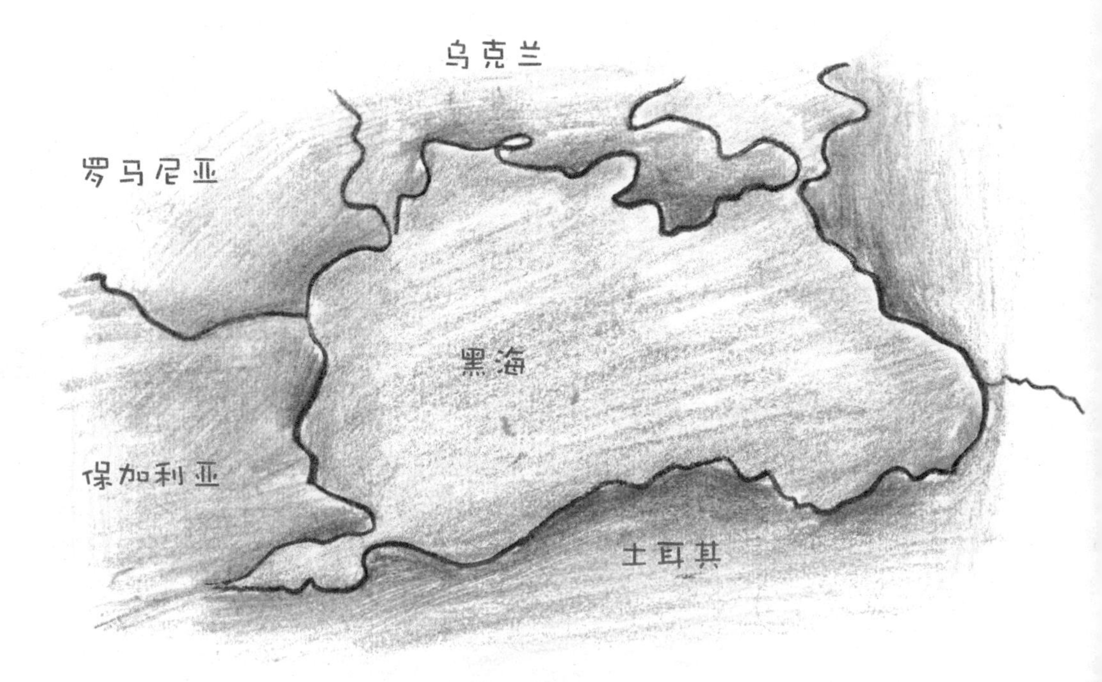

黑色为北。由于黑海位于希腊、波斯、土耳其北部，所以人们就称它为黑海，而不是由于海水为黑色而得名。

世界上最大的海是珊瑚海，面积是406.8万平方千米。

世界上体积最大的海也是珊瑚海，体积有10038000立方千米。

世界上最小的海是马尔马拉海，面积有1.1万平方千米。

世界上体积最小的海是亚速海，体积300立方千米。

红海的温度和盐度为什么比其他的海域高

红海位于炎热干燥的亚热带地区，降水稀少，蒸发量大于降水量，周围多是干旱的荒漠，没有其他河水注入，比较封闭，海水主要靠从曼德海峡流进的印度洋补给。因此，海水的温度和盐度都很高，表层海水的最高温度可达 32℃，表层海水平均含盐度一般为 38.8‰，许多海区高达 40‰以上，是世界上水温和含盐量最高的内海之一。

有趣的是，从地图上可以看到红海东西两岸几乎是平行线，而且

如果沿海岸线剪下来，两岸可以完好地拼接起来。另外，**红海的海底有一条很深的海槽，并且有一种被称为“热洞”的特殊区域，水温比其他地区高，盐度比其他地区大。**

红海为什么会有这些如此有趣的现象呢？原来，在四千多万年以前，地球上并没有红海，那个时候的非洲与阿拉伯半岛还连在一起。后来，在红海所在的地区发生了大断裂。在漫长的地质年代里，断裂的谷地不断变宽，才慢慢形成了今天的红海。

目前，**红海还在继续扩张，大约每年向两侧展宽两厘米。**有科学家预言，红海有可能会变成一个新的大洋呢。

也有人认为红海的最先发现者是埃及人，在《圣经》中，有着摩西带以色列人穿过红海的故事，这种说法是否属实，目前还没有任何证据能够证明。不过，在历史记载中，大约在1世纪，由红海到印度的航线便被希腊航海家找到了，而直到15世纪，欧洲人才开始对红海发生兴趣，法国拿破仑曾占领埃及，还打算在那里建造运河，但是这个计划最终没有得以实现。现如今，苏伊士运河已开通，它连接了大西洋—地中海—红海—印度洋航线。

海水会变得更咸吗

海水是咸的，其原因是海水中含有各种盐分，其中最主要的是氯化钠，还有少量的氯化镁、硫酸钾、碳酸钙等，平均每1000毫升海水中含35克盐。有人估计，如果把海水中所有的盐分都提取出来，铺在陆地上，可得到厚153米的盐层；如果铺在我国的国土上，可使我国陆地平均高出海面2400米。

其实，在海洋刚形成的时候，海水和江河湖水一样都是淡的。后来，雨水不断地冲刷岩石和土壤，并把岩石和土壤中的盐类物质带入江河，而江河的水最终又会流到大海，从而使海洋中的盐分不断增加。与此同时，海水又不断地被蒸发掉，而盐几乎是不会蒸发的，使得盐的浓度越来越大。从这一点来看，你会觉得海洋一定会越来越咸了，含盐量高达25%的死海似乎验证了这种推测。其实不然，因为海洋可以通过下面的几种方式“释放”盐分，

并把盐分“归还”于陆地：第一种是，海洋中含盐类的可溶性物质的浓度达到一定程度时，会互相结合成不溶性化合物，沉入海洋的底部。第二种是，海洋中的生物体会吸收一定的盐类物质，当这些海洋生物死去后，它那吸收了盐分的尸体就会沉到海底。第三种是，当台风袭来时，狂风巨浪会铺天盖地的卷来，大量海水会被卷到陆地上，使得海水中的盐类物质也被带到陆地上。

另外，从漫长的陆地变迁历史看，由于地壳不断升高，导致很多海湾地带与海洋隔断，并在太阳光的长期照射下，变成了陆地，留下大量盐分。

这些都是海水释放盐分的方法，但是，我们能否由此得出海水会越变越咸的结论呢？其实这也不大可能，因为雨水和江河湖泊的淡水每天都会连续不断地流入海内，海水的咸度会保持相对的平衡状态。当然，不排除在某一个海域某一段时间，海水会变咸或变淡。

海底会不会出现瀑布

大家都见到过瀑布吧，如果没在现实中见过，也肯定在书本或电视上看到过吧。幽静的山谷，陡峭的山崖，再加上一泻千里的瀑布，真是美极了，壮观极了！

我们知道瀑布大多都是出现在悬崖峭壁上，也许有人想：海底的形状和陆地相近，有着山崖峭壁，并且海底还有那么多的水，那么海底会有瀑布吗？

事实上，**海底确实有瀑布存在**，而且海洋科学家还在一个名叫丹麦海峡的地方发现了一个海底特大瀑布。它位于格陵兰岛和冰岛之间的大西洋海底，瀑布的落差为 3500 米，是陆地最大落差瀑布——安赫尔瀑布的 4 倍多。

丹麦海峡的海底瀑布是海洋科学家在格陵兰岛沿海的航线上测量海水流动的速率时，无意中发现的。水流计被测量人员沉入海中后，连续几次被强大的水流冲坏。科学家猜测，水流如此汹涌，一定是由冲力巨大的海水从海底峭壁倾泻造成的。后来经过多次测量，证实了这条海底瀑布的存在，虽然人们无法直接目睹其壮观场面，但海洋科学家还是揭开了它的庐山真面目。据粗略估计，它深藏在 200 米至 3700 米的海洋之中，厚约 200 米，每秒就有高达 50 亿升的海水从水中峭壁倾泻而下，大约相当于在 1 秒内将亚马逊河水全部倒入海洋的流量的 25 倍。由此可以看出，海底瀑布远比陆地瀑布更猛烈、更壮观。

海洋里的水会多到溢出来吗

如果你不停地向一个瓶子里注入水，要不了多久，水就会从瓶子内溢出来。可是，陆地上成千上万条昼夜奔流的江河溪流，这些水绝大部分注入了大海，可是海洋为什么从来都不会因水满而溢出来呢？

原来，在海洋和陆地之间存在着一个水的循环。海洋里的水在不断地蒸发，每年大约有 448000 立方千米的海水被蒸发到空气中。这些升到空中的水汽，大部分在海洋上空凝结成云，又以降水的方式落入海洋，这部分水大约有 412000 立方千米。

另外 36000 立方千米的水，以水蒸气的形式来到了陆地上空。这些水蒸气在陆地上空游荡，在适当条件下变成雨滴、雪片或冰雹，降落到地面上。这些水到了地面之后，大部分汇入江河，又流回海洋。

就这样，水的循环一刻不停地在海洋和陆地之间进行着，所以，雨是下不完的，海洋也不会被灌满而涌上陆地。这就是水的循环过程，让海洋、陆地、空气中的水不停的转换，大自然还真是很神奇。

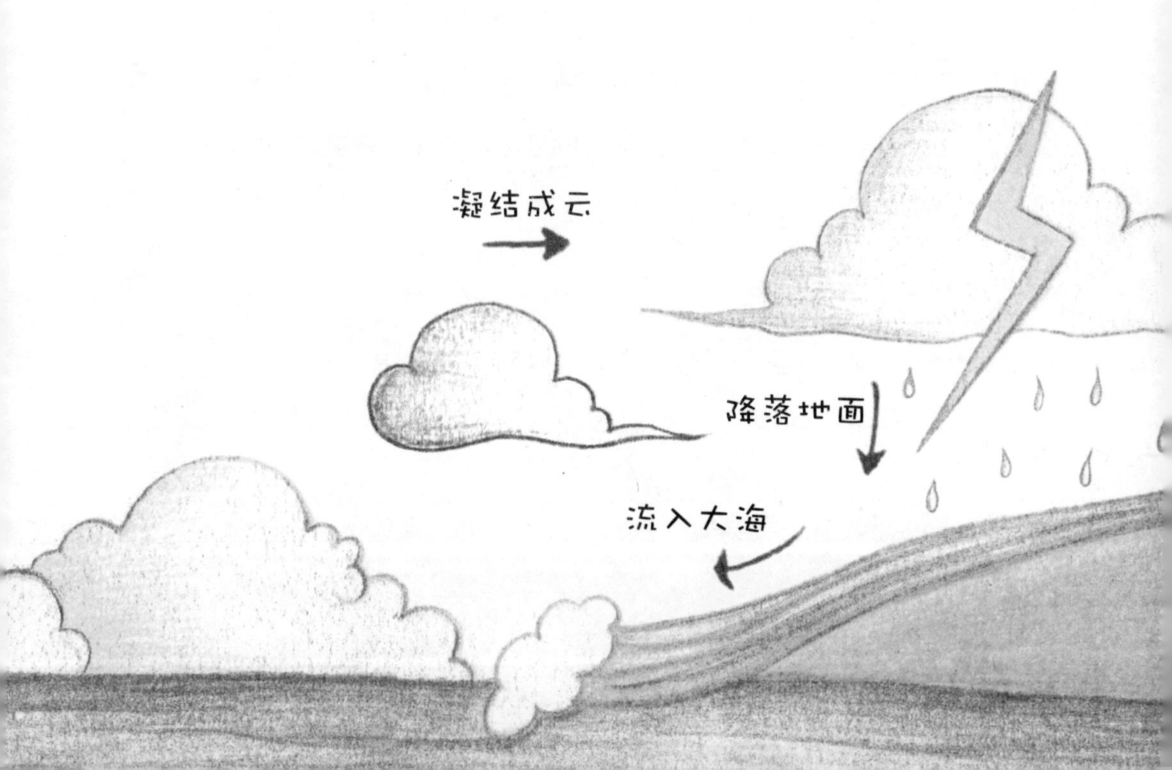

为什么海浪不顺着海岸线走

在海岸上极目望去，波涛汹涌的海浪总是垂直于海岸线迎面袭来，而不是顺着海岸线前行，这是什么原因呢？

海面上的波浪在深海处传播的速度总是比浅海处的传播速度快，越是近海岸，海水越浅，波浪的速度越慢。若用虚线 A B 表示海岸附近深水域与淡水域的分界线，那么在深水域中，海浪在第 1、2、3……11 秒走过的距离较大（因为速度快），因此，线条之间的间隔大；在浅水域中，同样花费 1 秒时间，海浪经过的距离短，表现为线条之间的间隔小。因此，在分界线处发生了海浪的波长和传播方向的改变，海浪的传播方向变得渐渐垂直于海岸线了。由于越靠近海岸的海水越浅，因此，海浪的速度也渐渐慢下来，

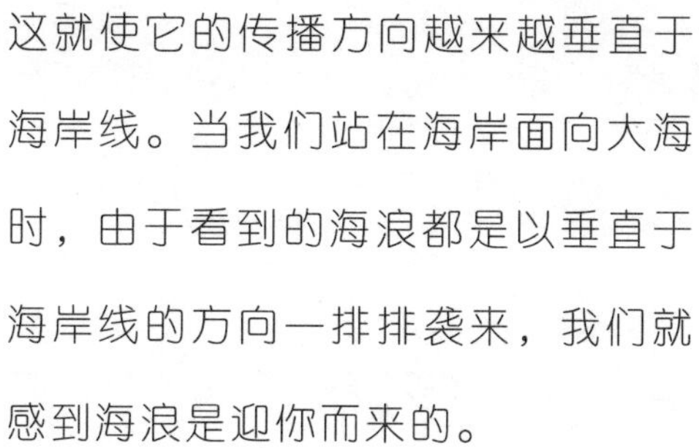

这就使它的传播方向越来越垂直于海岸线。当我们站在海岸面向大海时，由于看到的海浪都是以垂直于海岸线的方向一排排袭来，我们就感到海浪是迎你而来的。

在远离海岸的大海深处，**海浪的行进方向取决于海风与海流的方向**，并不一定朝观察者迎面而来。

海洋能发电吗

海洋资源十分丰富，不仅有大量的海洋生物供人们食用，还有许多的能源有待人们去开发。海洋能源从本质来说，可以分为两大类：一类是由太阳能诱发的海洋热能和动能，另一类是由天体（主要是月亮和太阳）的引力造成的海洋潮汐能。

海水的容热量比空气要大得多，海水容热量为 3.99608 焦耳／立方厘米，而空气只有0.001254焦耳／立方厘米，因此海洋可以说是一个巨大的贮热库。

海洋里的热量不仅可以调节气候，而且可以引来加温土地。由于太阳辐射不均匀，海水各处温度不一样，导致海水定向流动，形成海流。利用海流可以像水力一样发电。

在海洋里，除了可以利用海流发电以外，我们还可以**利用潮汐发电**。潮汐是巨大的海水运动，地球上潮汐的总能量有 100 亿千瓦，用来发电大有可为。

海水在风力作用下，还会产生波浪动能。据估计，海水在 5 级风吹动下的波动能，1 千米海岸就可以达到 24000 千瓦。看来，利用波浪能也很有潜力。由此可见，利用海洋发电，从而造福人类，是很值得期待的。

20 世纪初期，西方一些国家开始探索潮汐发电领域。1931 年，德国建立了世界上第一座潮汐发电站。1967 年，法国建成了世界上第一座具有商业价值的潮汐发电站——朗斯电站。

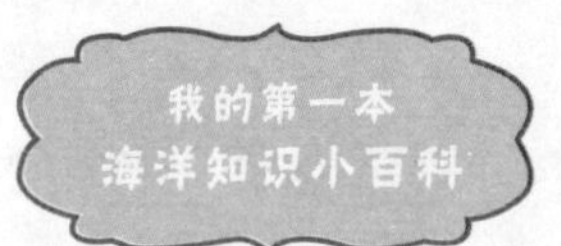

海洋里有两栖动物吗

全世界的两栖动物大约有3000种，分布也比较广泛。不过，它们大多生活在江河湖边、溪水池塘之中，譬如青蛙、蟾蜍、娃娃鱼等。可是，令人奇怪的是，海洋中却从来见不到两栖动物的踪迹。这究竟是什么原因呢？

大家都知道，海水是咸的，含有大量的盐分，而现代两栖动物的身体几乎裸露着皮肤，体内细胞与外部环境容易直接接触。**两栖动物体内的液体和血液里的盐分，比起海水里所含盐的浓度要低得多，如果两栖动物一旦进入高浓度的海水里，体内的水分就会大量向外渗出，导致失水过多而死亡。**

科学家们在研究中发现，一般在含有 1% 盐分的水域里，两栖动物就无法长期生存；在含盐浓度超过 1% 的水域中，两栖动物很快就会死去，而海水的含盐浓度一般都达到 2% 以上，甚至有的高达 4.2%，因此，绝大多数两栖动物是不能在海洋中生存的。

海水能够变成燃油吗

全球的能源短缺问题越来越严重，各国的科学家都在绞尽脑汁的想办法，其中，通过化学方法合成燃油的技术，现在已经试验成功了。

2014年4月，美国海军研究实验室表示，经过多年的研究与实验，一种利用海水所含成分合成燃油的示范技术已被人们采纳，并用它成功地使一架模型飞机飞上了天空。

原来，海水的大部分成分是二氧化碳，其浓度是空气中二氧化碳的140倍，还含有大量的碳酸盐和碳酸氢盐。如果用一种酸化电池，只消耗很少的电量，就可以在阳极上把海水酸化，其与碳酸盐和碳酸氢盐发生化学反应，能够释放出大量的二氧化碳。而酸化电池

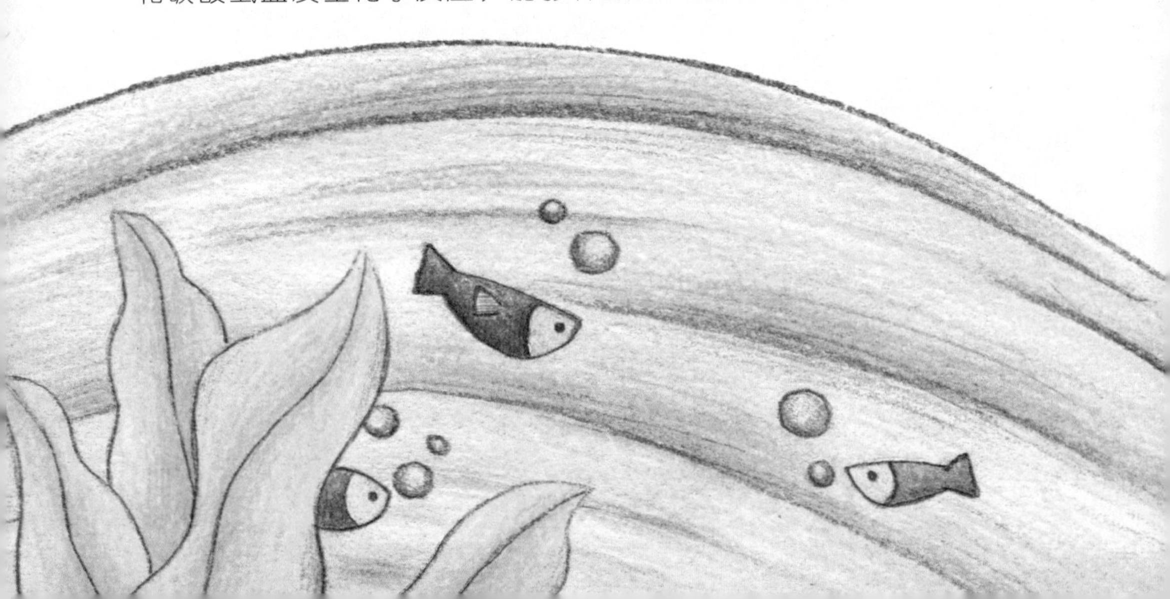

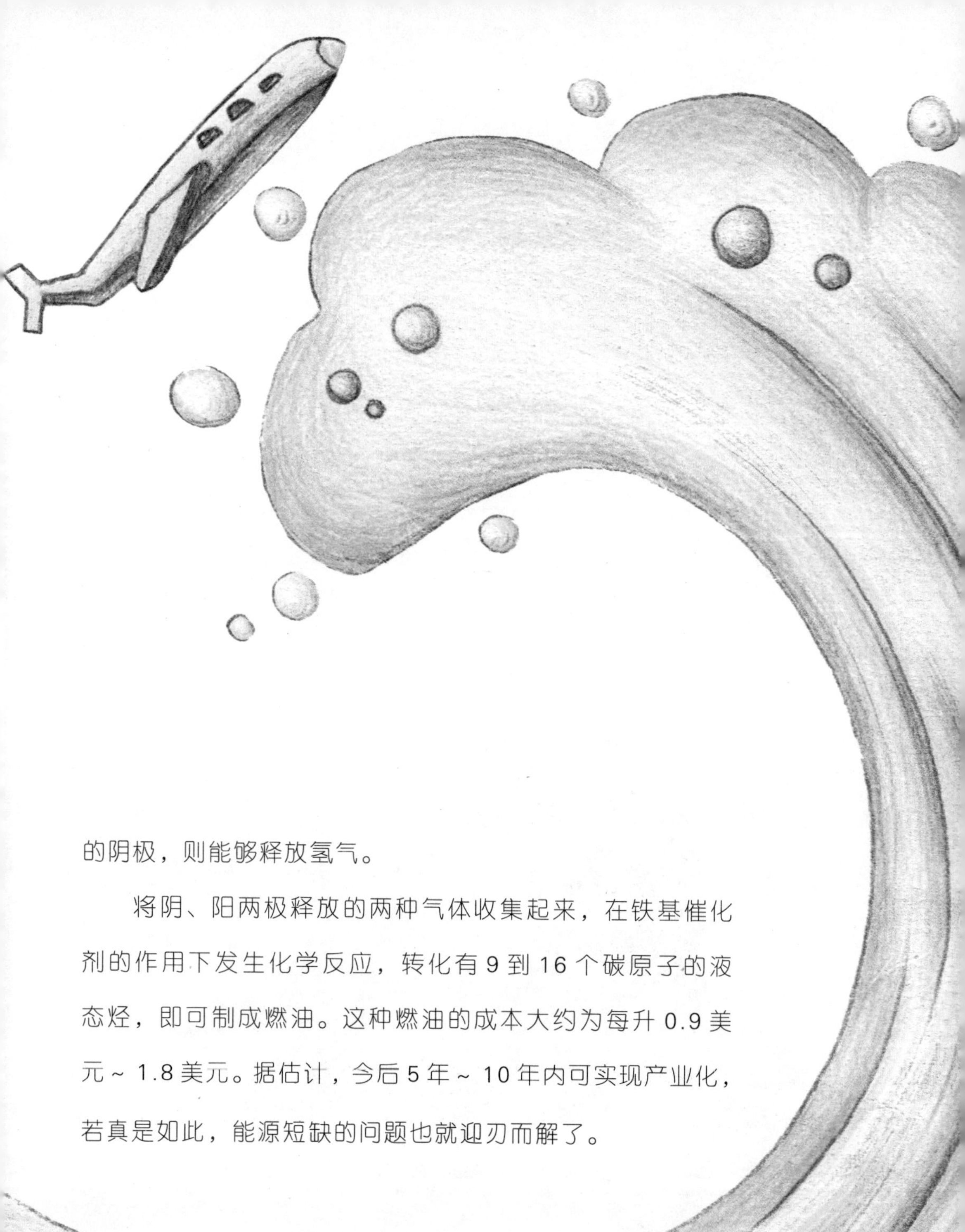

的阴极，则能够释放氢气。

将阴、阳两极释放的两种气体收集起来，在铁基催化剂的作用下发生化学反应，转化有 9 到 16 个碳原子的液态烃，即可制成燃油。这种燃油的成本大约为每升 0.9 美元～1.8 美元。据估计，今后 5 年～10 年内可实现产业化，若真是如此，能源短缺的问题也就迎刃而解了。

深海中有新药吗

如今自然环境的破坏越来越严重，空气的质量也越来越差，一些病毒和细菌不断的侵入到人们的体内，给人类带来了巨大的痛苦。虽然随着医学科技的不断发展，医疗设备的不断更新，人们对付病魔的措施层出不穷，但随着细菌抵抗力的日益增强和一些新病毒的产生，医学界的专家们对新药的研究和寻找还是充满渴望的，并且已经有一些胆大心细的科学家为了寻找新药，而踏上了前往深海、海沟以及极地的旅程。他们希望在旅程结束的时候，能够在医药领域开拓一个新时代。

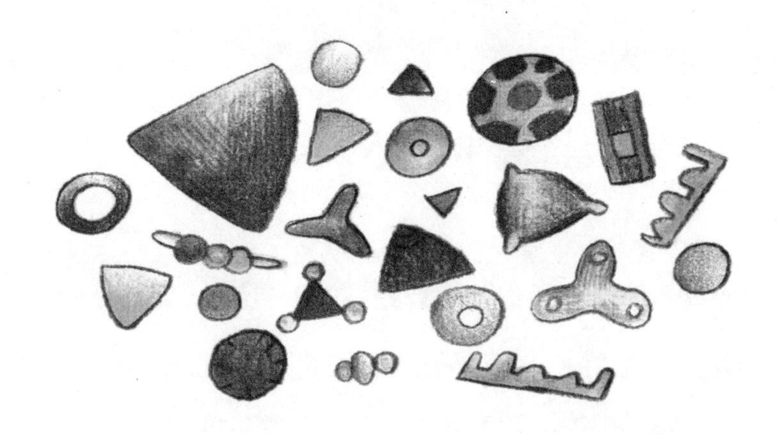

其中，由英国阿伯丁大学的化学家贾斯帕领导的国际科研团队，就特意到海洋深处探索，期待能有新的发现。他们认为只有在那些人迹罕至的地方才能找到稀奇而珍贵的新药，因为能够在高压、寒冷或者是80℃海底热泉水中生存的微生物，大多都身怀“绝技”，有可能会帮助人类对抗难以抑制的癌症或者抗药性的细菌。

海沟的深度为6000米～10000米，那里的压力（工程上称压力，物理中称压强）为600g～1100g大气压，温度是2℃～4℃。海沟的深处是没有光照的，漆黑一片，虽然如此，很多微生物还是在那里顽强地生活着。据估算，每1立方厘米的底泥中就会有1000万个微生物。在那里还生活着能够“吃”剧毒硫化氢的细菌，这种细菌还能够成为其他海底生物的“食粮”。在马里亚纳海沟，人们还发现了一种拥有奇特本领的微生物，能够吸收铅、铀等重金属。

科学家希望，到2016年的时候能够从深海微生物中挑选出一些人类急需的新抗菌药。

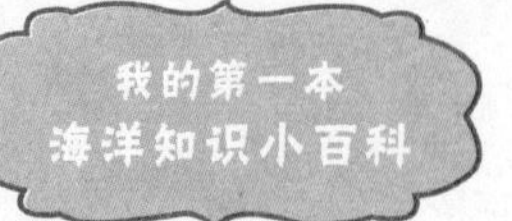

海鸣是什么

你听到过海鸣吗？知道什么是海鸣吗？其实，**海鸣就是海洋发出的鸣响声**，惊涛拍岸的轰响，地震和火山引起的喧嚣，以及鱼类和其他海洋生物发出的声音都属海鸣。

但是，有些地方发生海鸣的原因，目前还没有人可以说清楚。譬如广东省湛江硇洲岛东南海面，每当风云突变，天气异常，或风暴即将来临时，海面上就会发出一阵阵有节奏的“呜、呜、呜”的声响，犹如闷雷，时高时低，错落有致。这种声音让附近的人十分震惊，但谁也不知道它是因为什么发出的，也不清楚它从什么地方传来。

不过，在当地流传着一种没有根据的说法：这种海鸣是沉放在海中的“水鼓”发出的。“水鼓”是很久以前建造硇洲岛国际灯塔时法

国人放置的。并且还有人猜测“水鼓”是一种海况探测报警器，可以随时向人们发出风流变异的信息。可谁也没见过“水鼓”的模样，更不知它放在哪里。有关部门曾专门派出船只到硇洲岛东南一带海域巡视搜索，结果却一无所获。

后来，又有一种新的说法：人们在这一带海域发现海猪出没，于是有人提出，奇怪的海鸣是海猪的嚎叫。可能是海猪预感到天气或海面情况即将变坏而烦躁不安所发出的叫声；也可能是海猪游动过程中相互联络的信号。

硇洲岛东南海面上海鸣的起因至今仍无法定论，这个奥秘有待进一步探索。

海洋里也有药材吗

广袤无垠的大海中，不仅藏着石油、天然气等多种矿物资源，还藏有丰富的药材，种类繁多的海洋动植物，就是永不枯竭的医药来源，像鱼肝油、琼胶、鹧鸪菜、精蛋白、胰岛素以及中药所用的一些海味，都是历史悠久、疗效甚佳的海洋药物。

近年来，人们又从海洋动植物中提取了抗菌素、止血药、降血压药、麻醉药，甚至抗癌药等一些药物成分。有一种杀菌能力很强的头孢霉素及其化合物就是从海洋微生物中提取的，它不

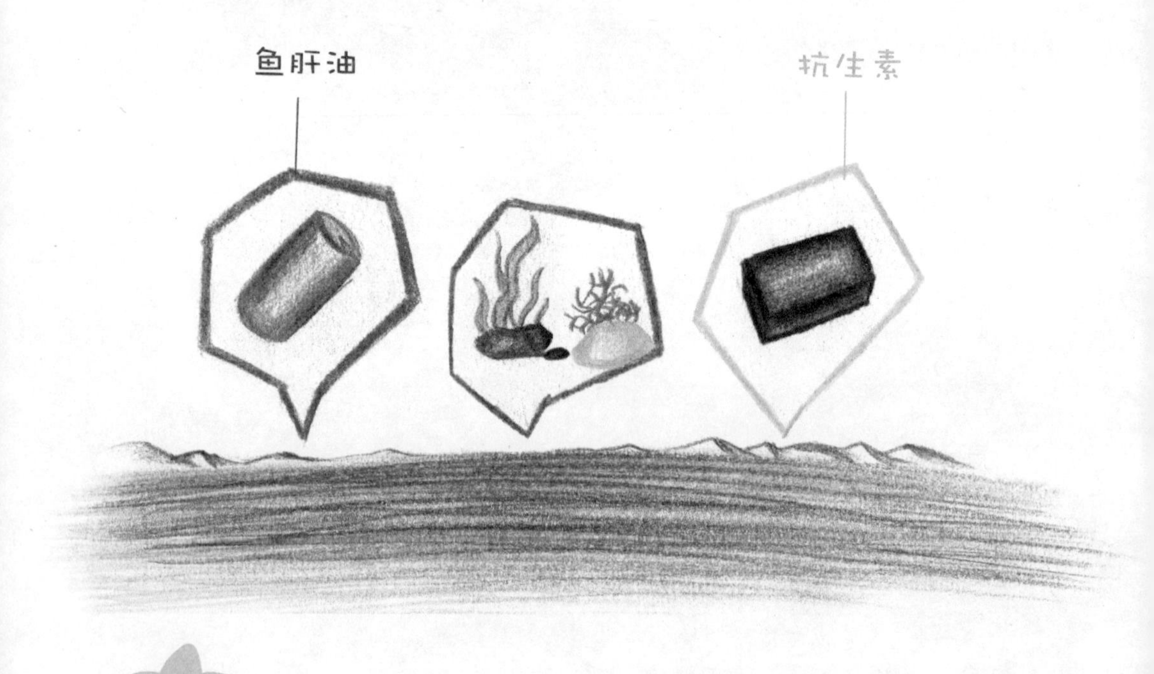

仅能消灭革兰阳性、阴性杆菌，对青霉素都不能杀死的葡萄球菌也有效力，而且没有抗药性。

大家都知道**食用海带可以弥补碘的不足**，其实，从海带中提取的药物，对治疗高血压、气管炎、哮喘以及治疗外出血都也颇有疗效。

另外，某些海洋生物体内含有抗癌物质，如从河豚肝中提炼制成的药品，对食道癌、鼻咽癌、结肠癌、胃癌都有一定疗效。从玳瑁身上可提取治肺癌的药物。海洋生物不断繁衍生长，无有穷尽，因此这个药材库是取之不竭，用之不尽的。

世界上有可以燃烧的冰吗

在浩瀚的大海中，不仅蕴藏着取之不尽，用之不竭的煤、石油、天然气等资源，还有能够溶于水的铀、镁、锂、重水等化学能源。另外，还有一些能够以自己独特的方式和形态存在的潮汐能、波浪能、海流能、温度差能、盐度差能等，它们分别以不同的方式表达出了动能、势能、热能、物理化学能等。这些能源都是一种再生性能源，永久都不会枯竭，也不会给大自然造成任何污染。

在20世纪中期，前苏联的海洋考察船在黑海2000米深的海底沉积层中找到了一种新能源——一块比较坚硬的冰。这块坚硬的冰被捞到考察船的甲板上之后，

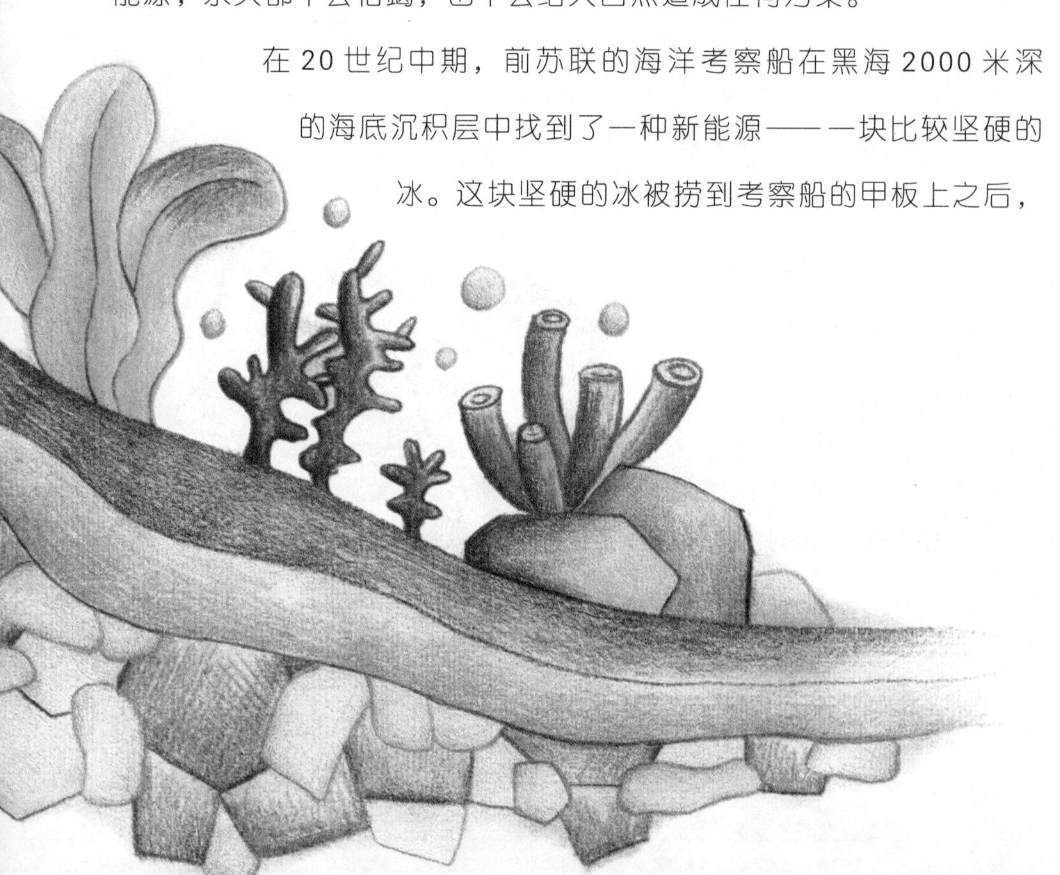

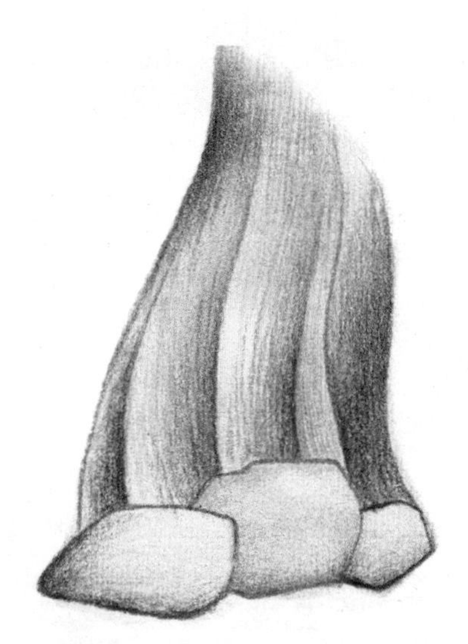

就开始慢慢融化了，表面还泛起了一层泡沫，待气体消散后，留下了一些水，让人感觉非常神奇！

那时人们把这种特殊的东西叫做“气体锭”。在此后的30多年里，美国、日本以及中国的科学家也都在西太平洋与南海发现了这种神奇之物，并了解到它是甲烷等碳氢化合物和水在高压、寒冷的海底沉积层中产生的一种水合物，被称为“可燃冰”。可燃冰的形成与海底石油和天然气的形成机制非常相近。它的分布范围相当于海平面积的10%。含有可燃冰的沉积层最大厚度有200米~300米。经过一段时间的研究之后，又发现1立方米的可燃冰融化并分解之后，能够变成150立方米~180立方米的天然气与0.8立方米的水。

不过，可燃冰在开采方面非常困难，至今还在探索与研究之中。尽管如此，它还是有希望成为一种新的清洁能源为人类发出光和热的！

海洋上为什么要建造人工岛

我们知道，日本属于岛国，国土面积狭小，为了扩大居住面积、拓展国民生存空间，不得不大量建造人工岛。其实，早在明朝嘉靖年间（1522 ~ 1567），我国便已有建造人工岛的文字记载。

海上人工岛是在近岸浅海水域人工建造的陆地，江苏北部滨海淤积平原上，散布着很多高达十多米的土墩台残丘。这些数以百计的墩台过去是为渔业、盐业和军事的需要，而在潮间带的海滩上修建的，涨潮时耸立于海涛之中。随着海岸线东移，并入陆地的大部分土墩台被削平，少数至今仍保存良好。

现代人工岛已经具备了越来越多的功能，可用于兴建停泊大型船舶的开敞深水港；建造起飞着陆都比较安全、而且不对城市产生噪声污染的机场；易于解决大型电站和核电站冷却以及污染问题；有益于开采离岸不远的海上油气田和建造石油、天然气加工厂；开采海底煤、铁矿或建造海上选矿厂

和金属冶炼厂；建造水产加工厂、纸厂、废品处理厂、毒品与危险品仓库等。还可以建造海上公园，甚至新的海上城市。

这种海洋空间利用方式可缓解原有城市的人口密集、交通拥挤、噪声、饮用水和空气污染等现代化的城市问题。目前全世界的海上人工岛工程项目多达400个，较大型项目50个，日本神户人工岛、六甲人工岛、东京湾人工岛都是此类海洋工程的典范。

为什么说夏威夷是太平洋的心脏

夏威夷群岛是美国唯一的岛屿州，它远离美洲大陆，位于碧波万顷的太平洋交通要道中央，由 20 多个大小岛屿组成。

夏威夷岛是群岛中面积最大的岛屿，约占群岛面积的 2/3，而瓦胡岛则是群岛中人口最多和在政治、军事、经济及交通等方面最为重要的一个岛屿。夏威夷群岛的首府火奴鲁鲁（意为“良港”，华侨称之为檀香山）及美国重要的海空军基地珍珠港均在瓦胡岛上，这里不仅是美国太平洋战区的指挥中心，驻有

美太平洋舰队总部及其所属的陆、海、空三军司令部，而且还是美国在太平洋上的海、空交通枢纽和重要国际商港。因此，美国对这个岛屿是非常重视的。

夏威夷群岛地处太平洋心脏地带，是太平洋上的交通要冲。它向南至大洋洲的斐济首都苏瓦约 5000 千米，向东到美国西海岸的圣弗兰西斯科近 4000 千米，向西到日本的横滨约 6300 千米，向北到阿拉斯加约 4000 千米，而且中间几乎没有什么岛屿可靠，因此夏威夷群岛的地理位置和战略地位就显得特别重要，素有太平洋的“十字路口”和太平洋“心脏”之称。

深海中有生物吗

未到过深海的人，总希望能有机会去深海一游，因为传说中海底有龙王居住的龙宫，有美丽的小龙女、奇形怪状的虾兵蟹将，以及数不尽的珍宝。其实，如果真的有机会乘坐深潜器潜入水下，一睹深海的奇情妙景，也确实是一件非常美好的事情。

海底和陆地一样有着各种地形，面积无比辽阔，随着海水深度的增加，**光线越来越暗，水温越来越低、生物也越来越少。**大约 80%的海洋生物分布于 1000 米以上的水层中，随着深度的增加，底栖动物的数量渐少。但是，在海底热泉附近会形成一些特殊的生物

群落，那里生物资源非常丰富，其形成原因，科学家们还正在研究。

深海恶劣的生活环境，造就出大批特殊的深海生物，能在这里生存下来的，大多都有几手绝活：**一些深海动物的嗅觉很敏锐，**例如深海鳗鱼靠嗅觉来寻找并鉴别雌雄，一些食腐肉的鱼、虾和端足类动物靠气味能很快找到食物；**还有很多深海动物的身体能够发出微弱的光芒，**这在暗无天日的深海水域里不啻于万丈金光，既能恐吓敌害、诱捕食物，又能吸引异性、招徕同伴。

现在已有潜入万米深海的多种载人深潜器和水下机器人，可在海洋的各个深度上自由“漫步”和考察，不断有新的发现。如果你对海洋充满兴趣，就说不定将来你也会参加揭示深海的各种秘密。

潜水员从深海上浮时，为什么中途必须停留

你在深海里潜过水吗？你知道一些关于潜水方面的知识吗？潜水员从深海上浮时，为什么必须中途停留？这种停留称潜水员上浮过程中的“减压”。

原来，在从深海逃难或深海潜水中必须快速上浮时，压强会突然下降，人体中的氮气也会从各个组织中释放出来形成不溶解的气泡。这些气泡会在小血管中形成栓塞，阻止血液的流通。这会引起人体的肌肉和关节疼痛，如果中枢神经系统发生栓塞，甚至会出现麻痹，严重时甚至瘫痪或死亡，这就是减压病。减

压病主要是由于压强突然减小造成的，如果外部压强不突然减小，而是缓慢地减小，那么血液中的气体就可以慢慢地扩散出来，不至于形成气泡，对潜水员也就不会造成伤害。

对于潜入10米以下的潜水员来说，为了避免减压病危险，必须制订详细的减压时间方案，即仔细计算好它的上浮时间和减压时间。**减压的安全时间，不仅与潜水深度和在水中持续的时间长短有关，同时还与吸入气体的成分有关系。**

潜水员潜入深海后或在潜水箱中工作时，会有许多的氮气溶解于潜水员的血液和身体组织中，当潜水员从水中向上浮时，上升的速度不能太快，必须在规定的站位上作一定时间的停留，以便血液和组织中的氮气能扩散出来。

百慕大三角有什么神奇的事情

百慕大群岛被称为地球上最孤立的海岛，因为它与最接近的陆地——美国北卡罗来纳州也有900千米之遥。这里气候温和，四季如春，岛上绿树长青，鲜花怒放。在百慕大群岛的周围，是辽阔的北大西洋海域，也被称为百慕大海域。

百慕大海域声名远播、名满天下，一百多年来，曾有数以百计的船只和飞机在这里失事，数以千计的人在此丧生。从1880年到1970年间，约有158次失踪事件，其中大多是发生在1949年以来的30年间。

不过，早在1492年也有人曾在百慕大三角处看到过奇异的景象。1492年10月11日，哥伦布在第一次海洋探险中，看到了海面上闪烁着神奇的光，地点大概是巴哈马群岛附近，也是百慕大三角的范围内，时间是在日落的前两个小时。哥伦布还看到了一条非常耀眼的闪电直冲云霄，船上的罗盘也受到了干扰，当时的许多船员们都非常恐慌，不知道怎么办才好。这些因自然力而产生的奇怪景象，在后来也多次出现过，“阿波罗”号的宇航员也曾在太空中看到百慕大三角的奇异光影。

对于百慕大三角出现的这些神奇现象，科学家的解释有以下几种：一种是因为那些失事且沉没的轮船和飞机，被强大的海流冲到了很远的地方，造成了神秘失踪的假象；而美国学者伊凡·桑德松经过自己的研究，提出了“死亡旋风”的假设；还有一位地理学家认为大部分的事故都是发生在新月或者满月的日子里，那时百慕大三角地下的离子化的熔岩产生运动，导致了强烈的磁扰动，从而使得罗盘与电子仪器受到侵扰……另外，还有一位工程师认为是自然激光造成了船与飞机的失事。

但是，究竟是何原因致使百慕大三角如此神秘，还没有一个统一的说法，看来，人类对自然界的探索还远远不够。

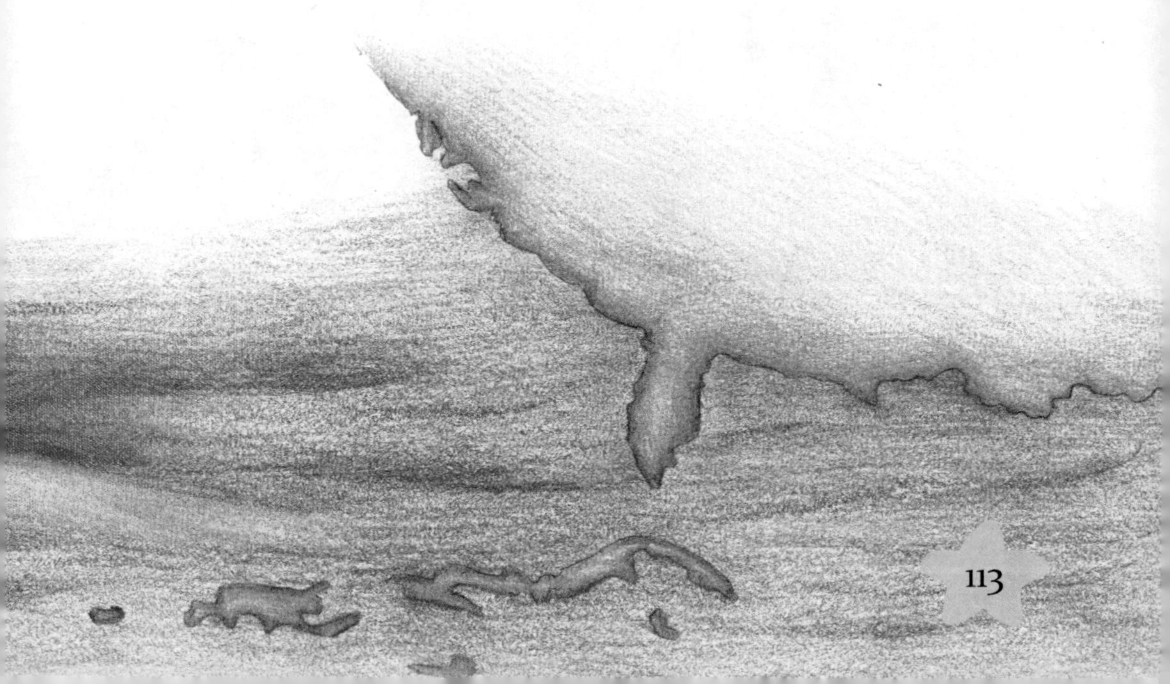

海上风向在白天和夜晚有什么区别

我们都喜欢漫步在海边，享受着从海面吹来的清凉之风，头发随意飞舞，眺望着无边无际的大海，任思绪自由飞翔，好美的景象。可是你有没有注意到海边白天和晚上的风向有什么不同呢？白天，海风是由大海吹向陆地的，而晚上海风则是由陆地吹向海洋的。这是什么原因造成的呢？

原来，由于海陆温度差异的原因，白天陆地的气温较高，海洋的气温较低，形成热力环流，近地面风向由海洋刮向陆地，即白天吹海风；而夜晚海洋的气温较高，陆地的气温较低，近地面风向由陆地吹向海洋，因此夜晚吹陆风。

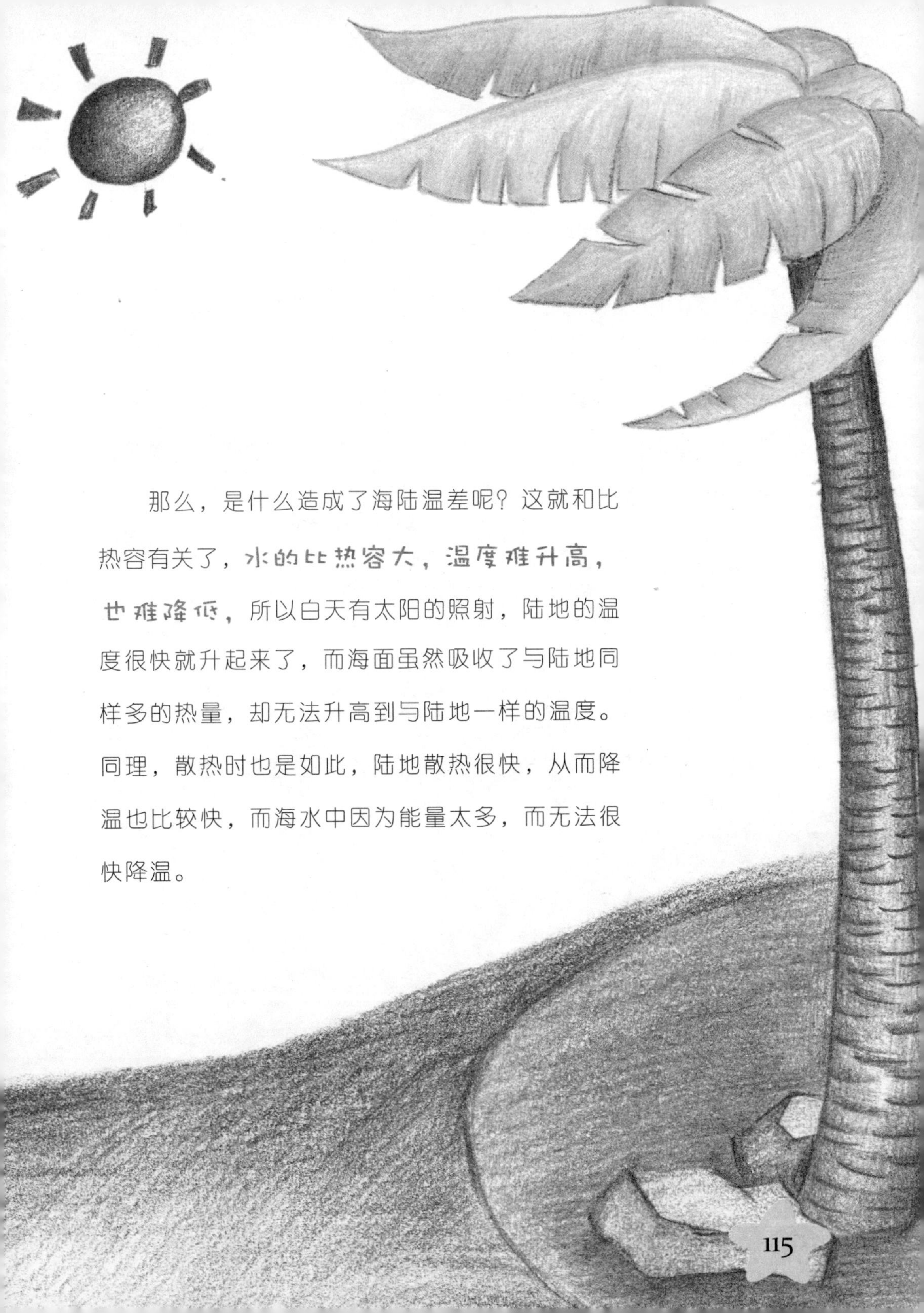

那么，是什么造成了海陆温差呢？这就和比热容有关了，**水的比热容大，温度难升高，也难降低**，所以白天有太阳的照射，陆地的温度很快就升起来了，而海面虽然吸收了与陆地同样多的热量，却无法升高到与陆地一样的温度。同理，散热时也是如此，陆地散热很快，从而降温也比较快，而海水中因为能量太多，而无法很快降温。

人类是怎么知道海底的情况的

今天的人类，已多次登上地球上最高的地方——珠穆朗玛峰；多次到宇宙空间旅行，人造的探测器已达到太阳系的外层空间。然而，大洋的最深处是个什么样子，人们还不是很清楚。因为到海底去探险，花费巨大，许多问题难以解决。

最早，人们在沿海利用竹竿、带测深锤的长绳，甚至还改用带计数器的水文绞车来测量海深。直到20世纪初，开始采用“回声测探仪”—也就是“声纳”—来测量海洋深度后，才知道海底世界真是深厚宽广。这种仪器的原理，是在船舶航行时，不断向海底发出声波，当声波碰到海底后，就会反射回来。如此一来，

把声波来回一次所需的时间，乘以声波在水中传播的速度，然后除以二，就可以算出海底的深度了。另外，通过声成像技术知道了海底地貌。

探测到海的深度后，又想知道海底深处到底存在着怎样的情形。于是发明了潜水球、深潜器和海洋机器人，可以潜入任何深度的海底，直接观察海底情形，并利用机器手采集标本、用摄影机拍摄海底画面，以及利用超声波装置查明海洋地质构造等。

不要觉得花费大量精力、财力去探索洋底世界毫无意义。其实，探测洋底世界的回报是极其丰厚的，因为在这个黑暗的世界里，矿产、天然气、石油的储藏量十分丰富。另外，在极端环境下发现的深海生物及全新的食物链，很有可能改变我们对地球上生命起源的传统观点。

为什么河海交界的地方水色不同

一些生活在沿海的渔民，常常只根据水色的变化，就可以确认渔船的位置，尤其是在河口的位置，这种水色变化会更加明显。那么，为什么会出现这种水色变化呢？

原来，在河水不结冰的时候，一般温度都比海水要高，而且含的盐分少，密度也比海水小一些。因此，一旦河水入海时，就好像油漂浮在海水上的。如果恰好碰上流量大、含盐量较多的海水，浮在海水面上的范围就更加广阔，而河水中的泥沙杂质，颜色和海水本来的色泽不同，

所以就会造成有河水覆盖的水域周围，出现明显的水色界线。

但是，由于**河口地区潮汐现象和风浪作用十分明显**，因此，**这条界线就会跟着潮水的进退，或是风浪的强弱而有所改变**，并不会都固定在一个地方不变，所以，在河海交界的地方经常会出现水色不同的情况。

我国的东海水比较清，因为东海沿岸没有大河排放浑浊的河水。长江、黄河的大量河水排入黄海，使大片海洋颜色变黄，因此称为黄海。

死海里为什么寸草不生

曾经有人悠闲地仰躺在死海上，一只手看书，一只手拿着遮阳伞，还不会沉到水下。乍一听上去，是不是非常不可思议呢？

原来，**死海的海水含盐量高达27%，比我们身体的比重还大**，因此，它自然可以让人像块木头一样，漂浮在海上了。

海水的含盐量一般都是3.5%，但死海为何含盐量如此高呢？原来，死海四周是一片山岭和高原，只有一些中小型河流把水注入死海，又因为没有河流把死海的水引出来，所以，我们可以说，**死海不是个真正的海，它只能算是个没有出口的湖泊。**

另外，流入死海的河流四周，几乎都是一些沙漠和石灰岩岩石，都含有大量的矿物盐，造成河流携带大量的盐分入海，而死海又没出口，无法把盐分散出去，矿物盐全部囤积在这里，含盐量当然要比其他海洋高了。

死海位于约旦的西部边界上，这里非常炎热，气候特别干燥且少雨，这更使得死海里的水分大量蒸发，盐分愈积愈浓，在这样高盐分的咸水里，恐怕除了细菌以外，其它的生物都很难生存了。

世界上最咸的海是红海，位于印度洋西北部，平均盐度41‰，最大盐度43‰。

世界上最淡的海是波罗的海，海水盐度平均为7‰～8‰。

世界上水温最高的海是波斯湾浅海区，位于印度洋西北部，夏季水温可达35.6℃。

世界上水温最低的海是罗斯海、威德尔海，终年结冰，水温一般是-2℃～0℃。

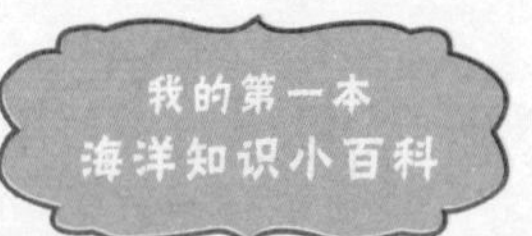

海底为什么也会有火山喷发呢

我们知道，在陆地上会发生火山爆发，但在温度较低的海中，为什么也会有火山喷发呢？

曾经在大西洋中就有一座海底火山爆发，刚开始时，从海底涌出炽热的浪涛，使海面沸腾，接着，一股巨大蒸气柱猛冲向天空。到了第二天，喷发的堆积物已经形成一座小丘，但仍在不断喷发，等过了2个月，火山上空非常黑的烟幕，约有几千米高，直到第八十天后，烟幕消失，换成喷出灼热的熔岩。

这种情形持续了13个月，结果出现一片数百公顷的新陆地，这种土地是十分肥沃的。

其实，海底有非常多的火山，其中也有不少的活火山。因为火山多会在地壳薄且不稳定的地区存在，而海底不仅地壳薄，还高低起伏很大，有时下陷的地区深达数千或数万米，形成海沟；也有特别隆起的，形成海底山脉。火山最喜欢这种地方，一旦它找到机会爆发时，再多的海水也阻止不了它。

世界上最深的海沟是马里亚纳海沟，最深处 11034 米，位于西太平洋马里亚纳群岛东南侧。

世界上最长的海沟是秘鲁－智利海沟，全长 5200 千米，位于东太平洋。

世界上最大的海底山系是大西洋中脊，也称大西洋海岭，南北总长为 15000 千米。而且它的南端向印度洋延伸，形成印度洋中脊。然后又延伸到南太平洋，然后沿美洲海岸外北上。总长 7 千米，成为世界上最大的海底山系。

世界上最高的海底山在萨摩亚群岛与新西兰间，高达 8690 米。

海洋为什么不会变浅或变深

海洋虽有起有伏，有涨有落，但千万年来海水没有高一些，也没有低一些，似乎永远都不会变浅，也不会变深，这是什么原因呢？

在海面上，海水受阳光照射和风吹，将水蒸气带往空中，吹到陆地上空，等遇冷后，凝结成小水滴，变成云或雾，而大水滴变成雨或雪降到地面。这些雨、露、霜、雪，汇集成小溪和河流，最后流向海洋，又回到自己的老家。这种海水周而复始的旅行，维持了海水的量不变，也就不会出现海水变浅或者变深的情况了。这种情况又被叫做“水的大循环”。

也许你会猜测：就算海水有大循环，可是每年的雨量有多有少，难道不会影响海洋的深浅吗？答案是：不会。因为海洋的面积大，而陆地上还有河川、湖泊等积水洼地、南北极的终年冰雪并形成巨大冰山和冰盖，植物所含的水分、土壤里及地下水等等，所以地球上的蓄水量是非常丰富的，区区一点降雨量，是不足以影响海水深浅的。

另外，海洋和陆地上的水分，直接蒸发到天空，又会很快遇冷变成雨回到原地，这是“小循环”，也能保持海洋有一定的水量。诸多因素说明：海洋是不会那么容易就变浅或者变深的。可是，现代出现了温室气体（主要是二氧化碳）的大量排放，产生了全球变暖的影响，加速了两极冰雪的融化，海平面略有升高趋势，所以全世界要限制温室气体的排放。

为什么浅海的底部更平坦

河底和湖泊的水底都是比较平坦的，而海底是不平坦的，可是在一些浅海区的海底又是相对平坦的。这是什么原因呢？

在大陆的边缘，海水常是比较浅的，我们把深度在 200 米以内的海，叫做浅海。一般海洋的底部常起伏不平，但浅海的底部却非常平坦，并且总是微微向海洋倾斜，而倾斜的角度也都不大一样。

其实，浅海的海底如此平坦，是多种因素造成的。

首先是与海浪有关。海浪能够影响到海面下 200 米以上的地方，并把这个范围内突出的东西冲刷削平，再把破碎的砂石搬到低于 200 米以下的地方，慢慢堆积起来。如此一来，海底自然会变得非常平坦了。

同时，海浪有力地来回冲击海岸，使海岸不断受到破坏，导致崩塌碎裂，最后形成砂砾。而当海浪退回海中时，这些砂砾也被带回海中，并在海底堆积起来，使浅水海底变得更加平坦。

此外，河流入海，也会带来大量泥沙把海底填平，所以浅海的海底，看起来总是那么平坦，偶尔有一些小岛和暗礁，如我国的东海。

说起浅海，难免会让人想起珊瑚，因为珊瑚的生活环境多是气候温和、水质清洁的浅水海域。

其实，浅海带不仅给珊瑚提供了一个好的生活环境，还为动植物提供了丰富的资源，如大量的底栖和浮游生物、茂盛的植物等。

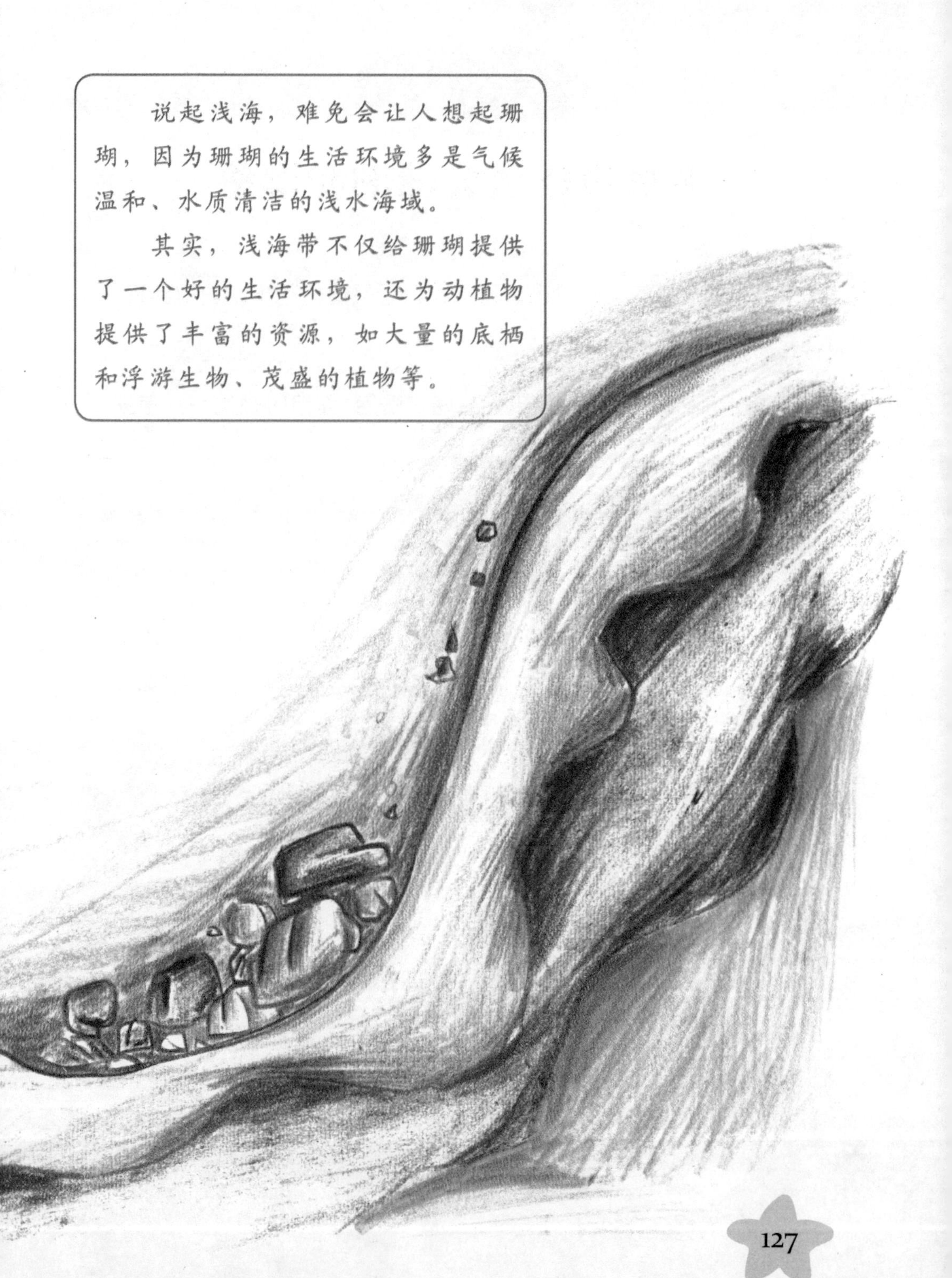

海水为什么会涨潮和潮落

海水潮起潮落，有时迅速猛涨，有时又悄悄落下，日以继夜，年复一年，这就是“潮汐”。

世界上大多数的海面，每天都有两次涨落，而且时间也有一定规律。白天海水上涨叫“潮”，傍晚海水上涨叫“汐”。

潮汐可分三大类，每天固定两次涨落的称“半日潮”；有些地方一天只涨落一次称“全日潮”；还有一个月内有几天，会出现两次涨落，有几天又出现一次涨落，这种情况的则称“混合潮”。

引起海水涨落的原因很复杂，但主要是受到月球“引潮力”的影响。其实，海水无时无刻都受三种力量的拉扯，第一种是地球对海水的引力，也就是万有引力，而后两种分别是：太阳对海水的引力和月亮对海水的引力。

这三种引力相比较，地球的引力最大，所以海水会被吸附在地表，不会跑掉。而太阳虽然比月球大，但太阳跟地球的距离，大约是月球与地球距离的400倍，所以月球对海水的引力还是要比太阳大得多。

是谁给地球戴上了"冰帽子"

北极和南极都是地球上比较寒冷的地方。在我们的印象中，北极有笨笨的北极熊，南极有可爱的企鹅，除此之外，就只剩下冰天雪地了。如果说北极还略微适合人类生存的话，那么，南极洲则完全是一片"白色荒漠"了。

南极洲位于地球最南端，土地几乎都在南极圈内，四周有太平洋、印度洋和大西洋，**是世界上地理纬度最高的一个洲**，于1820年被俄国探险家拉扎列夫发现。

南极洲气候异常寒冷、终年覆盖冰雪，为寒带冰原气候，号称世界风库、寒极、干极。全洲年平均气温为 -25℃，内陆高原平均气温为 -56℃，极端最低气温曾达 -89.2℃，为世界最冷的陆地。全洲年平均

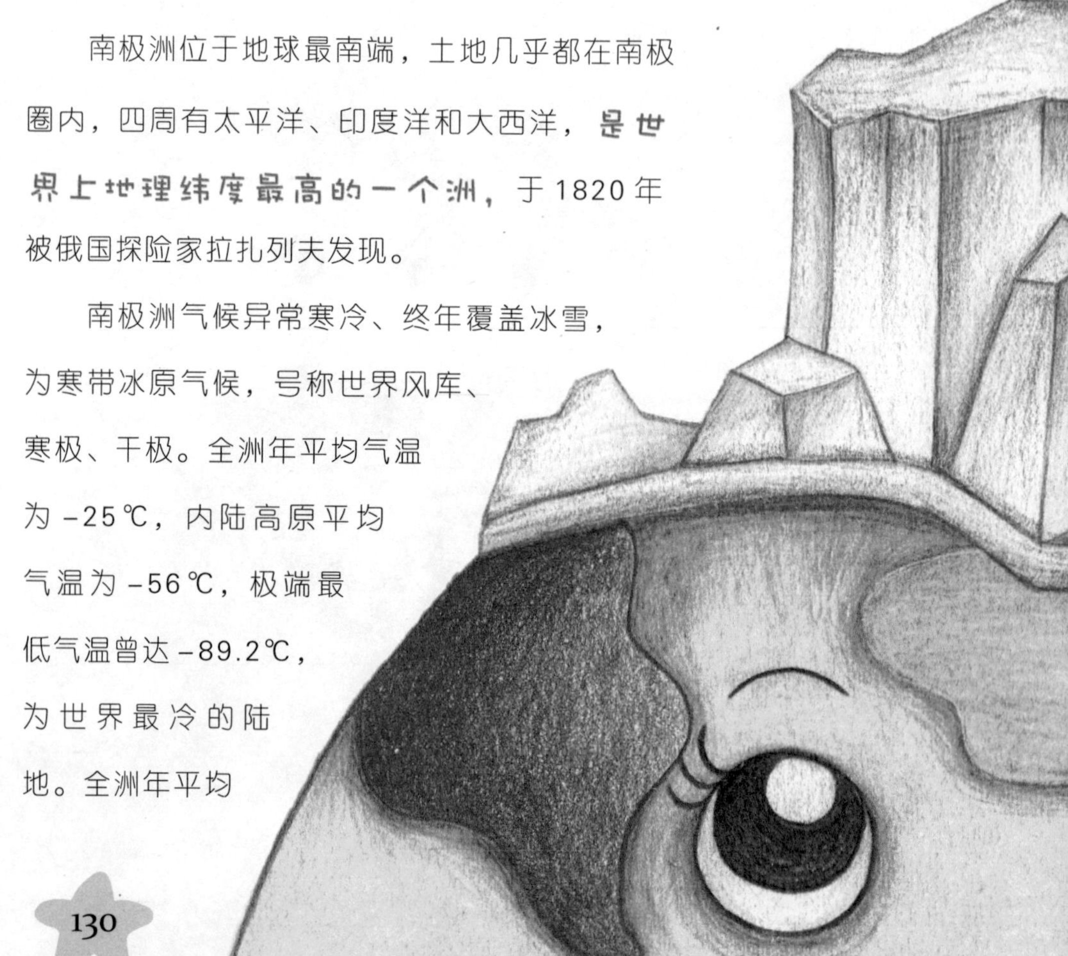

降水量为 55 毫米，大陆内部年降水量 30 毫米左右，极点附近几乎无降水，空气非常干燥，极地高气压长年盘踞，水汽特少，又因为气温长年在零度以下，所以积雪、积冰不化，因此有“白色荒漠”之称。

南极大陆 95% 以上的面积被巨厚的冰川所覆盖，只有在南极大陆边缘区域有季节性的岩石出现，其余的绝大部分地方都常年覆盖着冰雪。冰的平均厚度为 2000 米，最厚的地方达 4800 米，形成了一个巨大的冰盖，冰雪总体积为 2800 万立方千米。这些冰是由很纯的淡水组成的，所包含的淡水约占全世界淡水总量的 72%，就其体积来说，约占全世界总冰量的 90% 以上，构成了地球上最大的淡水宝库。如果这些冰完全消融，全球平均海平面将升高 55 米 ~ 60 米，会淹没大批沿海城市，对人类的生存构成严重的威胁。

海水的盐度都一样吗

广阔无边的海洋内含有很多种物质，其中最多的就是食盐（氯化钠），其总量约有4亿亿吨，平均每1千毫升海水中含盐量约为35克！所以海水尝起来才会那么的咸。但是，海洋中各个地方的盐度都是一样的？

答案自然是否定的，海水盐度的大小取决于蒸发与降水的多少，同时与结冰、融冰、大陆径流及洋流等因素也有很大关系，这些数据不同，海水的含盐度自然也有一些差异。

笼统来说，海水盐度多少的分布特点是以赤道为中心呈现 M 型分布的，两极最低，然后随纬度的一点点变小，盐度也会慢慢地上升，到南北回归线附近达到最高盐度，然后又降低。

这是因为极地地区海水温度低，蒸发量小，积累的盐分也少；赤道由于受赤道低气压带控制形成雨林气候，多降水，能充分稀释由于热量而蒸发的海水；而回归线地区受副热带高压控制，降水稀少，蒸发强烈，所以此处盐度最高。

也就是说，**最咸的海水是在回归线附近地区**，而两极地区和赤道附近的海水相对来说会淡一点。

大西洋的水会把地中海灌满吗

你知道吗？地中海是世界上最古老的海，它的历史比大西洋还要悠久。

千百年来，尽管有众多的河流注入地中海，如尼罗河、罗纳河、埃布罗河等，但由于地中海处在亚热带地区，冬季温和多雨，夏季炎热干燥，海水的蒸发量远远超过了河水和雨水的补给量，使得地中

海的水收入远远不如支出多。

同时，由于海水温差的作用与大西洋海水所含盐度的不同，地中海和大西洋的海水可以发生有规律的交换。含盐量较低的大西洋海水，从直布罗陀海峡表层流入地中海，增补被蒸发掉的水源，而含盐量比较高的地中海海水下沉，从直布罗陀海峡下层流入大西洋，形成了海水的环流，每秒多达 7000 立方米。

所以，地中海不但灌不满，而且要是没有大西洋源源不断地供水，大约在 300 年后，地中海就会干枯，变成一个巨大的咸凹坑了。

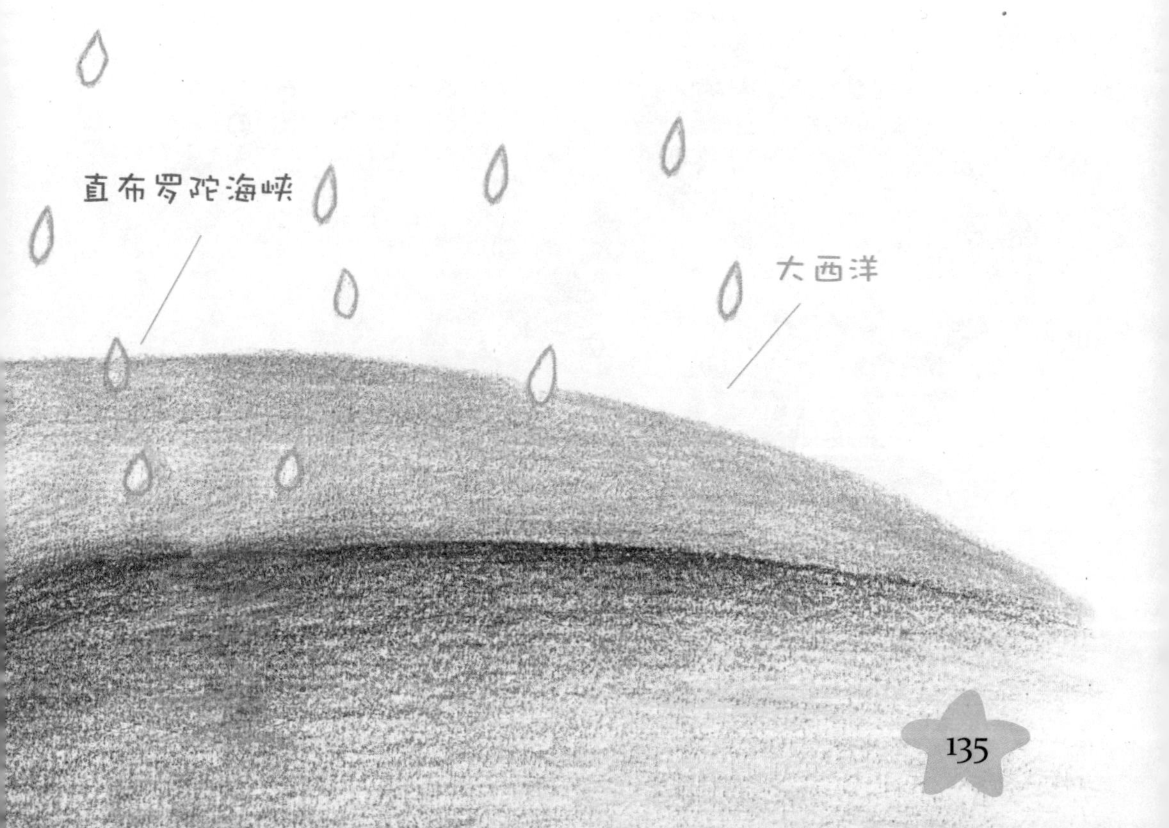

哪一个是世界上最大的海

珊瑚海是太平洋的一个边缘海，位于太平洋西南部，西部紧靠澳大利亚大陆东北沿岸一带，北边和东边被伊里安岛、新不列颠岛、所罗门群岛和新赫布里底群岛等岛屿所包围；南部大致以南纬 30 度线与太平洋另一边缘海塔斯曼海相邻接。**海域总面积广达 479.1 万平方千米，是世界上最大的海**，比世界第二大海阿拉伯海要大 1/4，比我国东海大 43 倍。

1 珊瑚海　　2 澳大利亚
3 大石礁　　4 所罗门群岛

珊瑚海不仅因大著称，还以海中发达的珊瑚礁构造体而闻名。这里的海水既平静又洁净，水温变化不大，是一个典型的热带海，全年水温都在 20℃ 以上。珊瑚海周围几乎没有河流流入，海水清澈，水下光线充足，海水的盐度多在 30% ～ 35% 之间，非常适合珊瑚虫生长。

礁体的“建筑师”珊瑚虫，是一种水螅型动物，呈圆筒状单体或树枝状群体，靠捕捉浮游生物为生。珊瑚虫的外层能分泌石灰质骨骼，大量的珊瑚虫死后的遗骸聚集在一起，便成为礁体。真是不可思议，美丽无比的珊瑚海竟然是世界上最大的海，你想到过吗？

世界上最小的海是哪一个

世界上最大的海是珊瑚海，那最小的海又会是哪一个呢？

马尔马拉海东西长 270 千米，南北宽约 70 千米，面积为 11000 平方千米，只相当于我国的 4.5 个太湖那么大，**是世界上最小的海。**

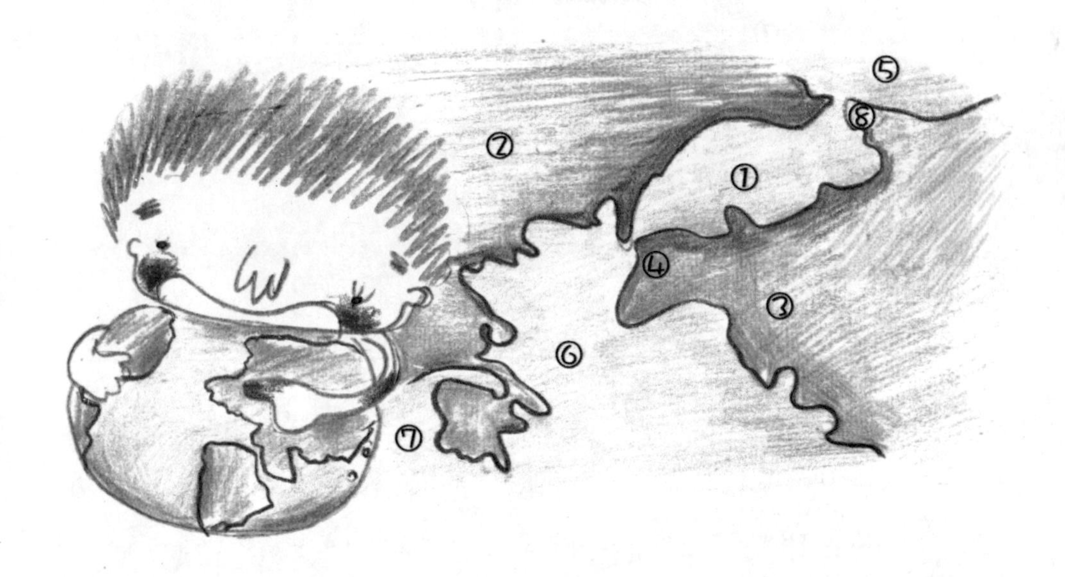

①马尔马拉海 ②巴尔干半岛 ③小亚细亚 ④达达尼尔海峡

⑤黑海 ⑥爱琴海 ⑦地中海 ⑧博斯普鲁斯海峡

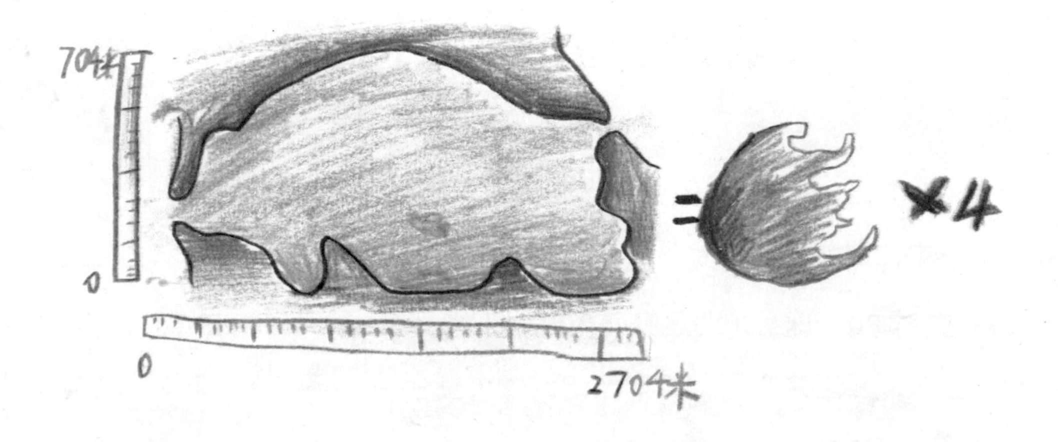

马尔马拉海位于亚洲小亚细亚半岛和欧洲的巴尔干半岛之间，是**欧亚大陆之间断层下陷而形成的内海。**海岸陡峭，平均深度183米，最深处达1355米。早先的一些山峰露出水面变成了岛屿，岛上盛产大理石，希腊语“马尔马拉”就是大理石的意思。海中最大的马尔马拉岛，也是用大理石来命名的。

马尔马拉海东北端经博斯普鲁斯海峡通黑海，西南经达达尼尔海峡通地中海和大西洋，是欧、亚两洲的天然分界线，地理位置十分重要。

渤海为什么是内海

渤海是一个近封闭的内海，它一面临海，三面环陆，北、西、南三面分别与辽宁、河北、天津和山东三省一市毗邻，东北至西南长约480千米，东西最宽处300多千米，面积7.7万平方千米。辽东半岛和山东半岛犹如伸出的双臂将其合抱，构成首都北京的海上门户。放眼眺望，渤海形如一个东北一西南向微倾的葫芦，侧卧于华北大地，其底部两侧即为莱州湾和渤海湾，顶部为辽东湾。

渤海古称沧海，原为中生代、新生代沉降盆地，在第四纪早更新世末期（距今约100万年前），海水进入北黄海，并通过渤海海峡淹

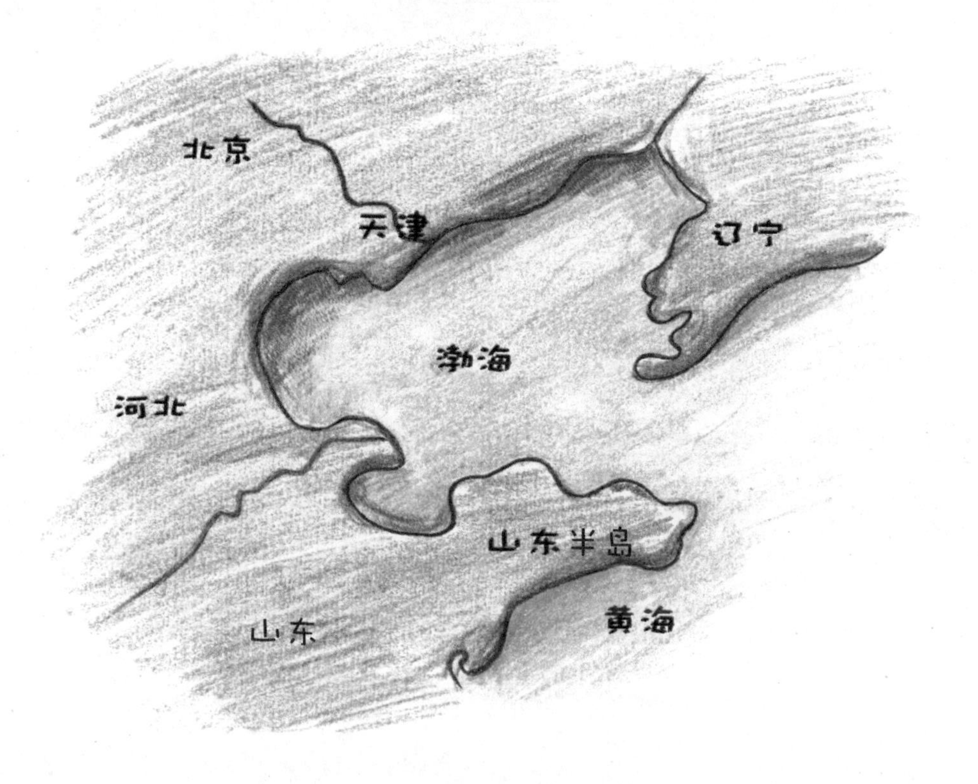

及该盆地，海区轮廓基本形成。因此，**渤海大部分地区属于浅海，平均水深只有 18 米。**也正因为如此，渤海海洋资源丰富、鱼类众多，并且是中国最著名的海盐产区。

渤海还是**京津的屏障，黄海的后方，**战略地位重要。早在春秋战国时期，齐国舟师已巡弋渤海。隋大业八年（612），炀帝亲率大军 113 万余人，东征高丽，其中水军即由东莱海口（今莱州湾附近）东渡。明初，在沿岸的登州、莱州、天津、广宁、盖州等 20 余处置卫设防，纵深配置，扼守险要。此后，无论是欧美列强，还是日本侵华，也大都选择横穿渤海，从塘沽登陆。

台风的形成

台风在每年夏季集中发生在太平洋西部、关岛以东的马利安纳群岛附近，以及南海中北部海面，影响台湾、福建、广东、广西等地，部分在朝鲜或日本登陆，也有相当数量的台风会侵袭浙江、上海，甚至山东，以及华北地区。

台风是诞生在西北太平洋和南海热带海洋上的一种猛烈的空气旋涡。这些地区离赤道较近，几乎常年处于太阳光的直射之下，尤其在夏季，海水温度较高，蒸发强烈，当海上的热空气大规模上升的时候，四周较冷的空气就快速流过来补充，由于地球自转的影响，气流发生偏转，结果就在海面上形成一个中心气压很低、逆时针方向运动的巨大的空气旋涡，叫做热带气旋。一部分热带气旋会进一步发展成为台风。

台风是一个同水旋涡相似的

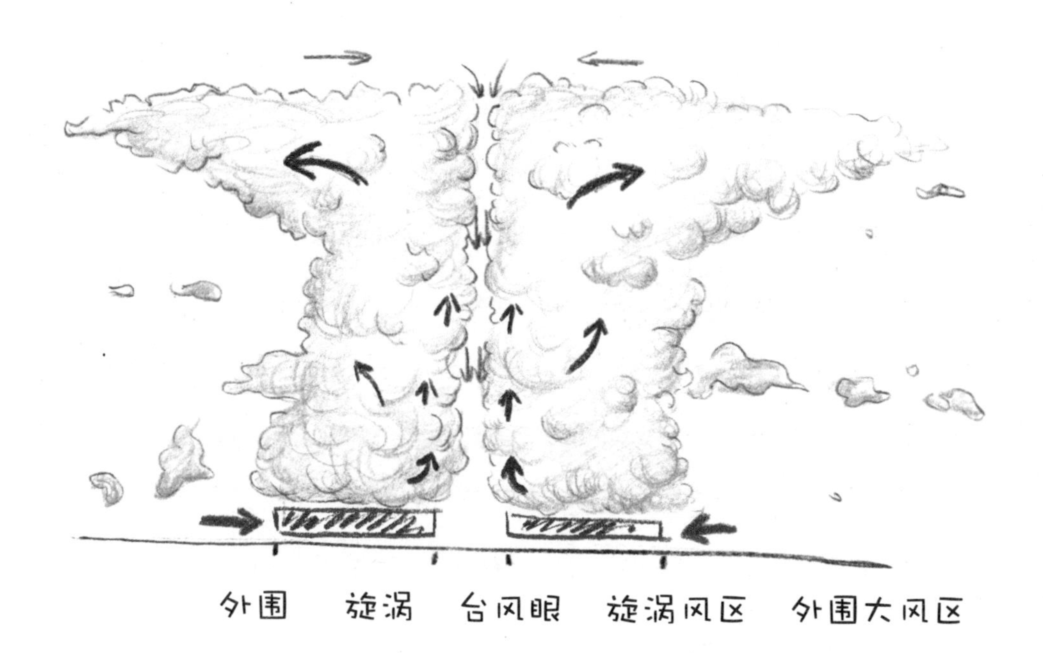

巨大空气旋涡，直径从几百千米到 1000 千米，高度在 9000 米以上，看上去好像一个活动在海面巨大蘑菇。台风的中心叫台风眼，是直径达 10 千米的空心管状区。台风眼内风和日丽，而风眼周边则是浓云密布、狂风暴雨。

台风的风速很快，一般为每秒 40 米 ~ 60 米，最大可以达到每秒 110 米。台风还会带来大量的降水，使有些地方发生洪涝灾害。

什么是“海市蜃楼”

人们经常用“海市蜃楼”来比喻一些美好但很虚幻的东西，可你知道它是怎么形成的吗？在平静无风的海面航行或在海边瞭望，往往会看到空中映现出远方船舶、岛屿或城廓楼台的影像；在沙漠旅行的人有时也会突然发现，在遥远的沙漠里有一片湖水，湖畔树影摇曳，令人向往。可是当大风一起，这些景象突然消逝了。原来这是一种幻景，我们把这种现象称为“海市蜃楼”。我国山东蓬莱海面上常出现这种幻景，古人归因于蛟龙之属的蜃，吐气而成楼台城廓，因此得名。

海市蜃楼是一种光学幻景，是地球上物体反射的光经大气折射而形成的虚像。在夏季，白昼海水湿度比较低，特别是有冷水流经过的海面，水温更低，下层空气受水温更低，下层空气受水温影响，较上层空气为冷，出现下冷上暖的反常现象（正常情况是下暖上凉，平均每升高100米，气温降低0.5℃～0.6℃

左右）。下层空气本来就因气压较高，密度较大，现在再加上气温又较上层为低，密度就显得特别大，因此空气层下密上稀的差别异常显著。

假使在东方地平线下有一艘轮船，一般情况下我们是看不到它的。如果这时空气下密上稀的差异太大了，来自船舶的光线先由高密度的气层逐渐折射进入低密度的气层，并在上层发生反射，又折回到下层密的气层中来；经过这样弯曲的线路，最后投入我们的眼中，我们就能看到它的虚像了。

“厄尔尼诺”现象有多恐怖

“厄尔尼诺”一词来源于西班牙语，原意为“圣婴”。19 世纪初，在南美洲的厄瓜多尔、秘鲁等西班牙语系的国家，渔民们发现，每隔几年，从10月至第二年的3月便会出现一股沿海岸南移的暖流，

使表层海水温度明显升高。南美洲的太平洋东岸本来盛行的是秘鲁寒流，随着寒流移动的鱼群使秘鲁渔场成为世界四大渔场之一，但这股暖流一出现，性喜冷水的鱼类就会大量死亡，使渔民们遭受灭顶之灾。

由于这种现象最严重时往往在圣诞节前后，于是遭受天灾而又无可奈何的渔民将其称为上帝之子——圣婴。后来，在科学上此词语用于表示在秘鲁和厄瓜多尔附近几千公里的东太平洋海面温度的异常增暖现象。

当厄尔尼诺现象发生时，大范围的海水温度可比常年高出3℃～6℃。太平洋广大水域的海面水温异常升高，海水水位上涨，并形成一股暖流向南流动。它使原属冷水域的太平洋东部水域变成暖水域，结果引起海啸和暴风骤雨，造成一些地区干旱，另一些地区又降雨过多的异常气候现象。

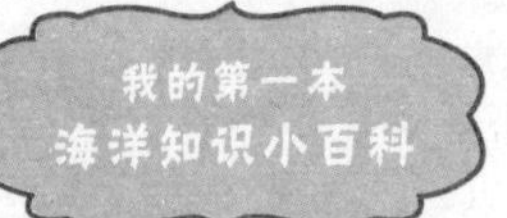

为什么北极圈里会有不冻港

北极给我们的印象是寒冷至极、冰天雪地，可是，在**北极圈内竟然会有不结冰的地方**。你知道是什么地方吗?

它就是俄罗斯在北冰洋上的著名军港——**摩尔曼斯克**，也就是人们说的“不冻港”，位于俄罗斯的西北端，有一个狭长幽深的科拉湾，宽 1 千米 ~ 7 千米，向南伸入陆地 60 千米。它的两侧都是悬崖峭壁，地势十分险峻。

摩港地处北纬 68° 58′，已深入北极圈内 200 千米，7 月份最高气温仅有 20℃。在严寒漫长的冬季，摩港附近的气温常为 -20℃ ~ -30℃，白雪皑皑、千里冰封，但海港内却不结冰，而是碧水融融，热气腾腾。在摩港附近你还可以看到一艘艘舰船频繁出入，

往来自如。而此时，与摩港同纬度的西伯利亚沿海，1 年却有 9 个月的冰期，比摩港纬度低 10° 的波罗的海沿岸的圣彼得堡，1 年也有 6 个月的冰期，位于北极圈内的摩港为什么却不会结冰呢？

如果我们对照一下地图和欧洲一月份等温线图，就能够发现西欧、北欧的等温线偏向高纬度，这条等温线几乎与摩港的温度重合，这是因为它们同样受到大西洋北部势力最强的暖流——北大西洋暖流的影响。北大西洋暖流是墨西哥湾暖流的延续，每年能够给欧洲沿海地区输送相当于燃烧 6000 万吨煤的热量，1 月份的平均气温比同纬度的亚洲与北美洲东海岸高出 15℃ ~ 20℃。

有这样强势的后盾，无怪乎摩港终年不冻了。

赤道附近会有企鹅吗

很多小朋友都用过 QQ 即时通讯软件吧，可爱的企鹅形象早已留在了我们的头脑中。大家一定还知道，企鹅总是生活在冰天雪地的南极，可是，如果现在告诉你，**在炎热的赤道地区竟然也有企鹅生存**，你会相信吗？

事实上，企鹅家族的成员众多，它们的分布范围也很广泛，在南大洋的岛屿、以及南美洲和新西兰都有分布，这些只是企鹅中数量最庞大的属角企鹅属。企鹅的第二大属环企鹅属则主要分布在亚热带和热带地区，甚至可达到赤道附近。怎么会有这种情况出现呢？

这是因为我们传统的观念是“企鹅都是在南极生存”和“世界上最热的地方是赤道”，其实这些观念都是错的。科隆群岛是南美洲厄瓜多尔在太平洋中的火山群岛，位于高温多雨的赤道之上，但奇怪的是岛上气温偏低，降水稀少，在岛上，竟然会有生活在南极寒冷地带的企鹅漫步。

科隆群岛之所以有如此奇特的景观，主要是受秘鲁寒流影响的结果。秘鲁寒流把南极洲附近的冰水源源不断地向北方赤道方向输送，而科隆群岛正好处在秘鲁寒流前进的道路上，这样科隆群岛受到强大的寒流影响，从而成为赤道上的“寒冷岛”，那么企鹅生活在这里也就不奇怪了。

“幽灵岛”是怎样“隐身”的

当你听到“幽灵岛”时，是不是会有惊悚的感觉？听说这种岛屿可以“隐身”，因此被称为“幽灵岛”。那么，岛屿是怎么隐身的呢？让我们一起来看看吧。

在南太平洋的汤加王国西部海域中，有个叫**小拉特的岛屿。**据历史记载：公元1875年，它高出海面9米；1890年，高于海面达49米；1898年，该岛消失，沉没水下7米；1967年，它又冒出海面；1968年，它又消失了；1979年，它又再次出现……像这种出没无常，**时隐时现的岛屿，人们就称它为“幽灵岛”**，在爱琴海桑托林群岛、冰岛、阿留申群岛、汤加海沟附近海域都曾多次发现过“幽灵岛”。

事实上，”幽灵岛“是**海底火山耍的把戏：**火山喷发，大量熔岩堆积，火山停止活动后便形成岛屿；一段时间后，岛屿下沉、侵蚀，淹没在海面之下。

但是，有许多活火山在海洋的底部，当这些火山喷发时，喷出来的熔岩和碎屑物质在海底冷却、堆积、凝固起来；随着喷发物质不断增多，堆积物多得高出海面的时候，新的岛屿便形成了。

于是，“幽灵岛”就又露出了海面。

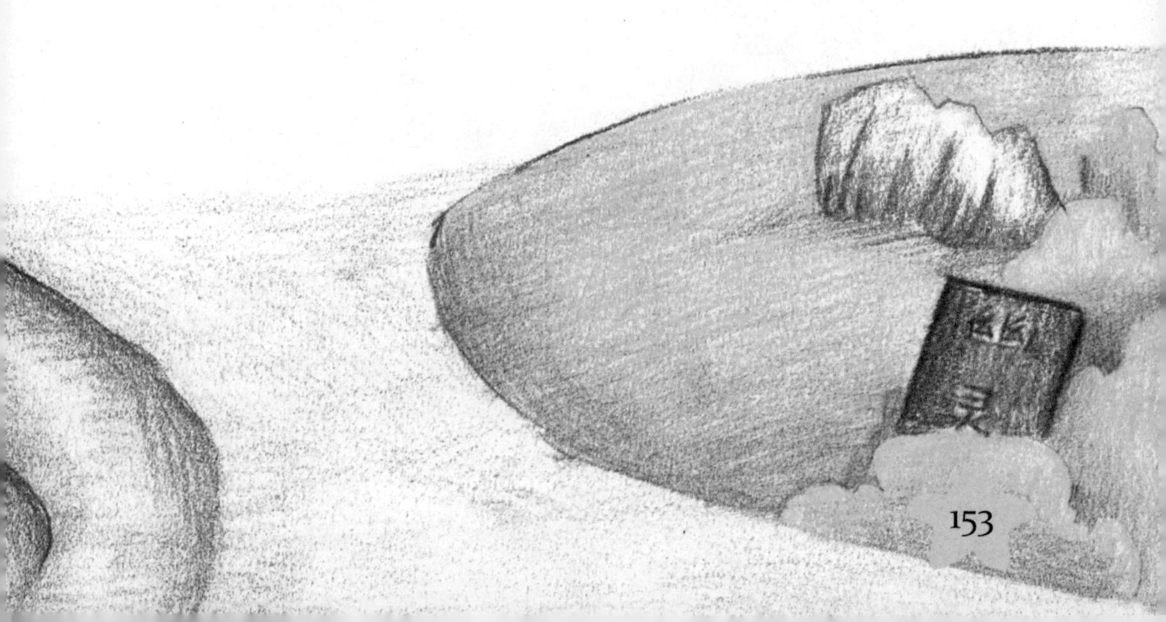

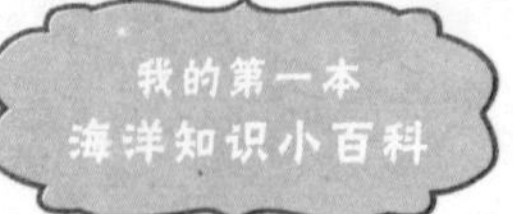

喜马拉雅山是怎么形成的

喜马拉雅山是世界上海拔最高的山脉，位于青藏高原南巅边缘。在喜马拉雅山陡峭的崖壁上，或幽深的山谷里，已经发现许多古海洋动植物化石，包括三叶虫、海藻和鱼龙等。这些化石足以说明喜马拉雅山地区曾经是一片汪洋大海，它是从古老的大海里涌现出来的，是地壳上升的结果。

据地质家考察证实，早在20亿年前，现在的喜马拉雅山脉的广大地区是一片汪洋大海。早在第三纪末期，地壳发生了一次强烈的造山运动，在地质上称为“喜马拉雅运动”，使这一地区逐

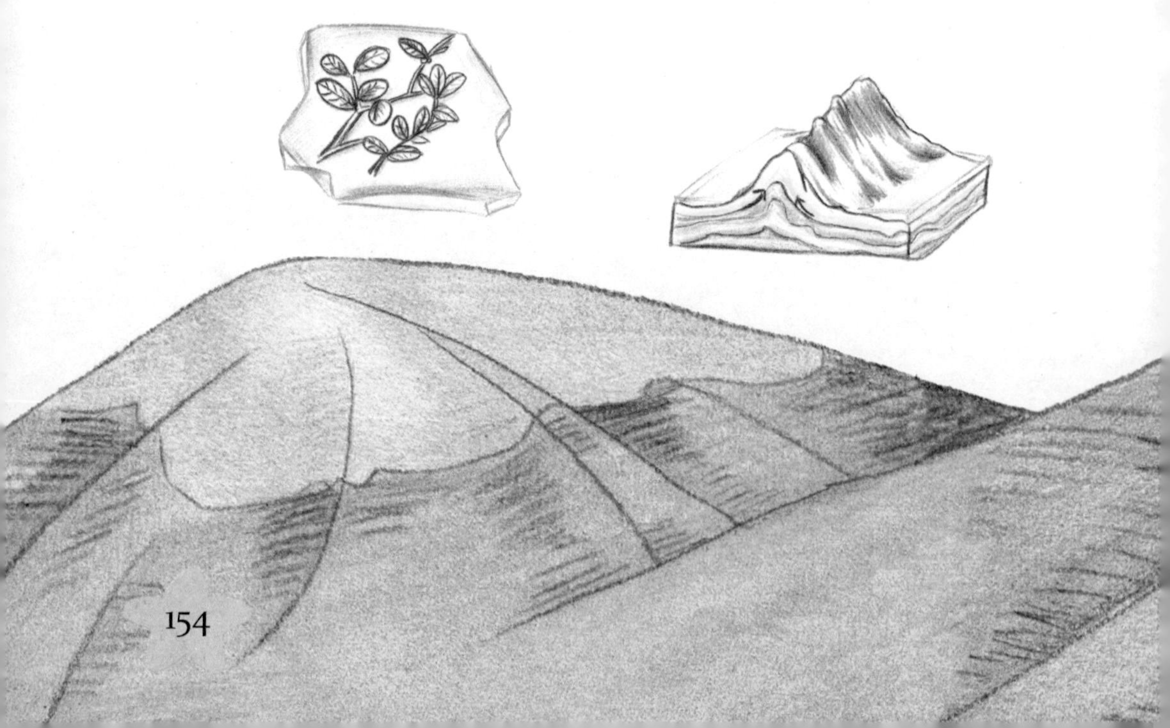

渐隆起，形成了世界上最雄伟的山脉。后又经地质考察证明，喜马拉雅的构造运动至今尚未结束，现在还在缓缓地上升之中。

喜马拉雅山上的主峰是珠穆朗玛峰，在它北坡海拔5700米～5900米的地方发现了生长在百万年前的高山栎和毡毛栎化石，这些植物现在在我国西南地区海拔2200米～3000米的很多地方仍有生长。虽然百万年前的气候状况以及这些植物的生长环境、高度与现在不完全相同，但是据此仍可以粗略估计，喜马拉雅山地区百万年来大约上升了3000米，平均每1万年约上升30米。

大自然的一切真是太神奇了，雄伟高大的山脉竟然是从海底长出来的，并且还将不断升高，是不是很令人惊奇呢？

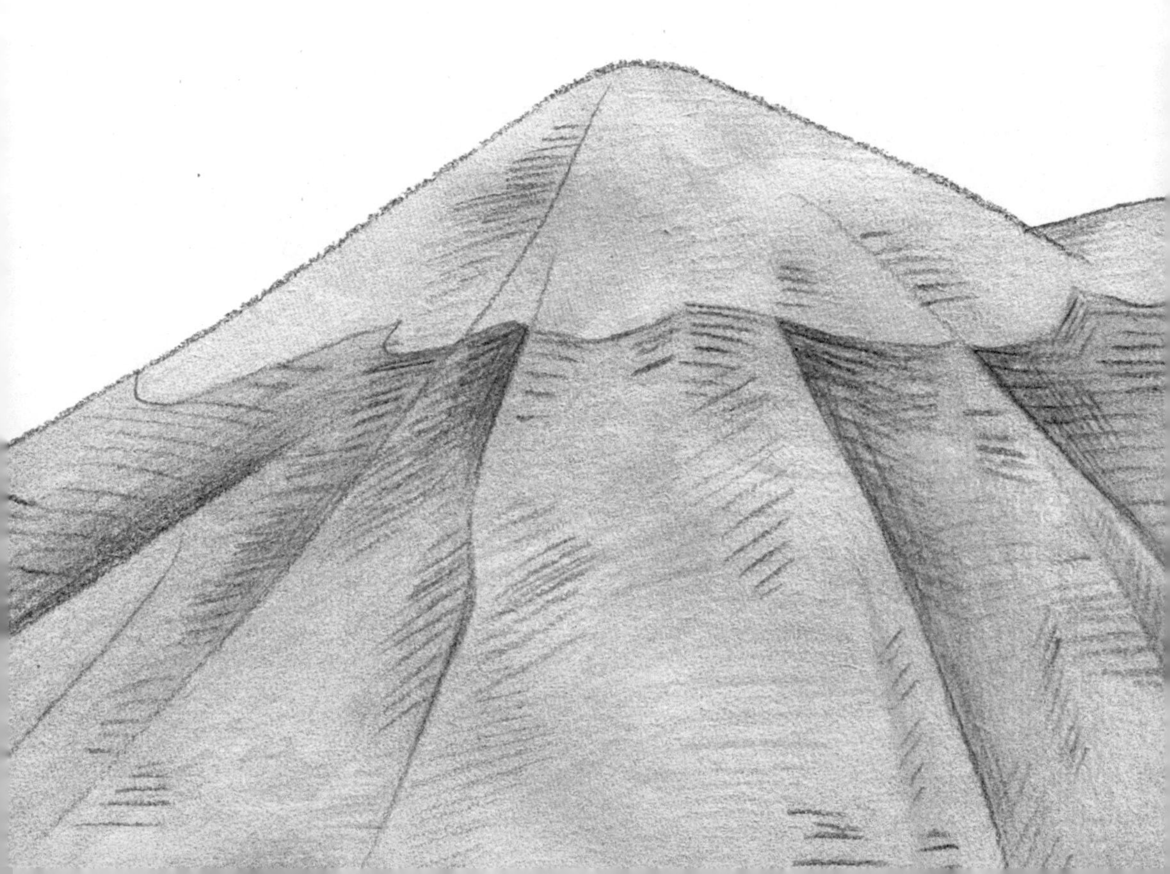

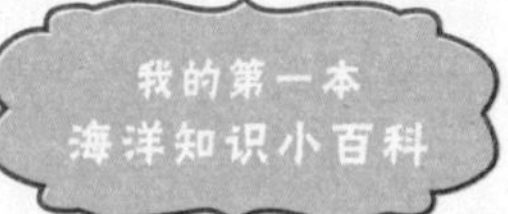

海水是如何转化成淡水的

海水中含有大量的盐，我们平常食用的盐就是从海水中提炼出来的，你是否会猜想：我们既然可以从海水中提炼出盐，那么我们能不能从浩瀚的海洋中去除盐份，提取出淡水呢？海水淡化可是人类追求了几百年的梦想。

表面看海水淡化很简单，只要将咸水中的盐与淡水分开即可。可事实上，海水淡化是很复杂的过程。不过，也有两种人们曾用过的方法，一个是**蒸馏法，将水蒸发而盐留下，再将水蒸气冷凝为**

液态淡水。这个过程与海水逐渐变咸的过程是类似的，只不过人类要攫取的是淡水。另一个海水淡化的方法是冷冻法，冷冻海水，使之结冰，在液态淡水变成固态的冰的同时，盐被分离了出来。

不过，这两种方法都有难以克服的弊病。蒸馏法会消耗大量的能源，并在设备里产生大量的盐垢，然而得到的淡水却并不多，是一种很不划算的方式。冷冻法同样要消耗许多能源，得到的淡水却味道不佳，难以使用。

随着科技的发展，现在人们又发明了高分子材料膜的反渗透法和新的蒸馏法。目前，全球海水淡化日产量为 3500 万立方米左右，其中 80%用于饮用水，解决了 1 亿多人的供水问题，即世界上 1/50 的人口靠海水淡化提供饮用水。

海平面一定是平的吗

我们习惯于以海平面为基准来测量海平面以上或陆上物体的高度。我们总是误认为海平面就是平的。其实，地球是球体，所以全球的海洋也是一个球面。对于局部的海洋来说，我们可以认为它是平面，但事实上，海底的地形是相当复杂的，就像陆地上的地形一样，它不仅分布有巍峨的海底山脉、平缓的海底平原，而且还有很多陡峭的海底深沟。由于受海底地形的影响，一个海区的海面会低于或高于另一个海区几米、甚至十几米。

一般来说，如果海底是一座山脉地区，海面就比其他海域的海面要高一些；相反的，如果海底是一个盆地地区，海平面就比其他海域要低一些。比如，同是大西洋海域，波多

黎各海底是一片凹地，因而这一地区的海面就比周围地区明显的低；而巴西东部因海下有一座3500米的海岭，这里的海面就比其他地区要高。

此外，有时**海面的高低还与附近巍峨的山脉或山脉所组成的物质的积聚有关**。这种物质的积聚，可以使其表面引力弯曲，从而形成一种动力，驱使水离开一个地区而流向另一个地区。

因此，我们有足够的理由说，海平面一定不是平的。

海水为什么不可以直接浇庄稼

请你在家做个小实验，先把洗净的新鲜黄瓜或者白菜切成小块放入盘中，然后撒上一些食盐。等过一段时间后，你就会发现蔬菜变蔫了，同时盘子里有了许多水，这是什么原因呢？

原来，水分子有一个特征，它极喜欢与盐交朋友。如果我们用半透膜（一种能够允许某些大分子如水分子透过，但不允许其它分子透过的薄膜）把不同浓度的两种食盐水分隔开，则水分子就不断地由稀盐水那一侧，向浓盐水那一侧渗透，直到两侧盐水的浓度相等为止。

由于水分子的这个特点，造成

了含有盐分的蔬菜的水分不断渗透出来的现象。庄稼的生长是依靠它的根部不断地从泥土中吸取水分，并且利用水吸收土壤中的养分，并把这些水分和养分输送到茎和叶子中去。我们知道海水中含有较多的盐分，如果用海水灌溉庄稼，海水中的盐就会随水一起被庄稼的根部吸收，庄稼自身很难把体内的大量盐分排送到体外去，因此出现了庄稼体内液体中含盐量高于庄稼表面的含盐量情况，最终导致庄稼体内的水分不断向外渗透，造成养分损失，叶片变黄及枯萎等不好现象，甚至会导致庄稼因脱水而死亡。

盐既能够造成植物中的水分流失，又能够把细胞的水分脱走，因此人们利用盐的这一特点用食盐水把蛋、肉、鱼等腌泡起来，促使细菌和真菌里面的水分不断向外渗出，造成细菌和霉菌因大量缺水而死亡，避免了食物的腐烂变质。

由此可见，盐的这种特性也并不都是坏处。

如何从海水中提炼出盐

在我们的日常生活中，盐是必备之物，一日不可缺少。但是，你知道盐是怎么来的吗？在我们的这个世界中，很多看上去简单的事物背后，都有着复杂有趣的故事，在盐的身后，也是有着大文章呢。

盐是从海水中提炼出来的，简单来说，**盐是从海水里“晒”出来的**，最常用的晒盐的方法是“盐田法”，这是一种古老的而至今仍在沿用的方法，使用这种方法，**需要在气候温和、光照充足**

的地区选择大片平坦的海边滩涂，构建盐田。

盐田一般分成两部分：蒸发池和结晶池。先将海水引入蒸发池，

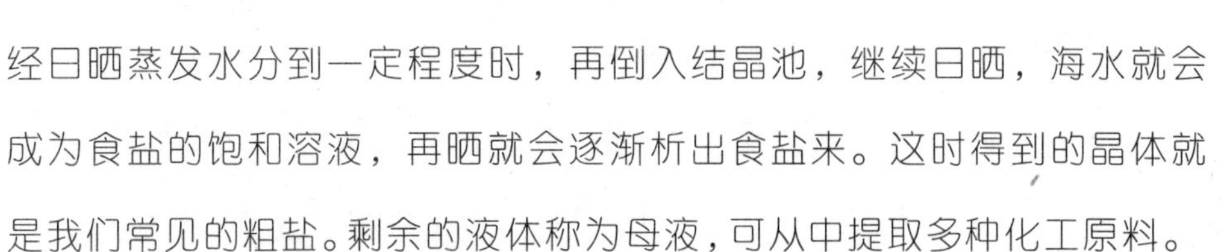

经日晒蒸发水分到一定程度时，再倒入结晶池，继续日晒，海水就会成为食盐的饱和溶液，再晒就会逐渐析出食盐来。这时得到的晶体就是我们常见的粗盐。剩余的液体称为母液，可从中提取多种化工原料。

在我国古代，以山西解州的贡盐和山东海丰（今无棣县）的海盐质量最高，而山东夙沙氏煮海为盐，为华夏制盐之鼻祖。《史记》中载：“太公至国……通工商之业，便鱼盐之利，而人民多归齐，齐为大国。”如此算来，从周初封姜太公于齐，传至今日已经3000年了。

世界上最大的群岛国家在什么地方

印度尼西亚地跨赤道（12° S~7° N），其 70% 以上领地位于南半球，是亚洲南半球最大的国家，也是世界上最大的群岛国家，有“千岛之国”的美称，全国有大大小小一万多个岛屿组成，其中有人居住的岛屿 6000 个。

仅国内的千岛县就有岛屿 1 千多个；廖内县则更多，达 2500 个。无论就岛屿总数说，还是从群岛的总面积看，印度尼西亚的“千岛之国”之名，都是名不虚传的，单就它的名字来看，其中“印度”一词，在梵文中意为“海”，”尼西亚”在希腊语中意为“岛屿”，印度尼西亚一名，就是“海”和“岛”的合称。此外，印度尼

西亚还有一个动听的土著名称叫“奴山打拉”，也正是“群岛之国”的意思。

印度尼西亚不但是世界上最大的群岛国家，也是东南亚最大的国家，其陆地总面积为 190 多万平方千米，占东盟土地总面积的 2/3，其内海面积是陆地面积的 4 倍。

印度尼西亚这个国家具有极其重要的战略地位，其中最为重要的是马六甲海峡，有“海上生命线”之称，是环球航行和波斯湾石油外运的主要通道之一。

从国力方面说，印度尼西亚是一个人口大国，是仅次于中国、印度、美国之后的世界第四人口大国；经济方面人均国民收入较低，在东盟它算得上是最贫穷的国家。

印度尼西亚既是世界上最大的群岛国家，又是世界上火山最多的国家。因为它位于印度洋板块、太平洋板块、亚欧板块之间，地壳运动比较频繁，为火山的爆发提供了有利的条件，一些人还习惯把它叫做：“火山国”。

板块之间的运动，不仅容易出现火山喷发，也时常出现地震和海啸等地质灾害。印度尼西亚正处于环太平洋的地震带上，所以经常发生地震。

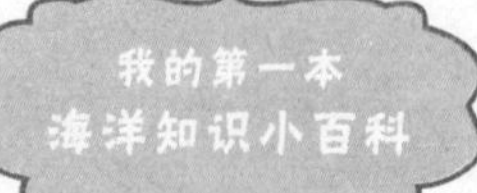

海水温度是怎么发生变化的

海水温度是衡量海水热容量的重要指标，海洋表面温度每天都会随着太阳的辐射而发生变化，当然，对于大洋来说，太阳辐射的影响并不显著，一般不会超过0.4℃；即便是在浅海的海水表层，每天的温度变化，也只有3℃～4℃。同时，海水表层温度的每日变化会通过海水向更深层海水传递，不过影响的最大深度不会超过50米。

也就是说，**表层水温的每日变化的最高值和最低值出现的时间与太阳的辐射强度有直接的关系。**每天中午 12 时左右是每天太阳辐射最强的时候，海水的最高温度一般会在午后 14 时左右出现；每天夜间海水的温度都会降低，到凌晨 4 时海水的温度会下降到全天最低点。

那么，为什么每天海水的温度变化总是滞后于太阳辐射的变化呢？因为太阳辐射的热量大部分用于蒸发海水，只有一小部分用于升高水温，由于**海水的比热容比空气大得多。**因此，水温上升的过程十分缓慢，出现了海水温度最高值比太阳辐射最强时间滞后的现象。同样，**海水降温的过程也进行得比较缓慢，**形成了最低水温要比太阳辐射的最弱时间晚得多得现象。

> 世界三大洋的海水年平均温度约在17.4℃左右，其中太平洋最高为19.1℃，印度洋次之为17.0℃，大西洋最低为16.9℃。

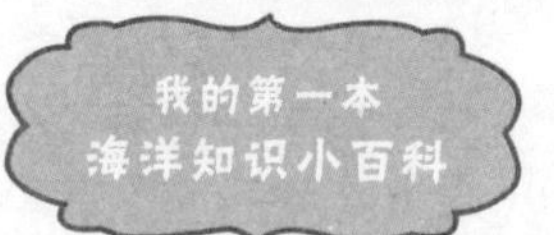

世界上最大的岛屿是哪一个

如果我们打开世界地图，就会发现靠近北极圈的部分，有一块孤零零的大陆，傲然挺立在冰天雪地中，这就是格陵兰岛了。格棱兰岛是世界上最大的岛屿，面积2175600平方千米，先丹麦的属地，1979年10月获得自治，首府为努克。

格棱兰最显著的地貌特征是它广大厚实的冰原，其规模之大仅次于南极洲，平均厚度1500米，最厚处约3000米，几乎占全岛面积的85%。光秃秃的冰原上风雪肆虐，层层积雪挤压成冰，不断向外缘冰川移动，有些地方一天之内移动达30米，为世界上移动最快的冰川之一。

无冰地区分布在沿海，大部分是高原。长而深的峡湾伸入

东西两岸腹地，形成复杂的海湾系统。人烟稀少，景色极为壮观。沿海许多地方，冰体径直向海面移动，冰川断裂，滑入水中形成大块冰山。岛内气候瞬息多变，最北部夏季平均温度3.6℃。植被以苔原植物为主，包括苔草、地衣等，无冰区少见一些矮小的树木。有北极熊、北极狐等7种陆地哺乳动物和海豹、鲸等。岛内有一些具经济价值的金、铜、铀等矿藏，但因气候和生态方面的原因，限制着开采。可耕地分布在南部无冰区，面积约占全境的1%。只有在小块的沿海无冰区才有道路，内地交通靠雪橇。

大陆真的会漂移吗

拿来一张世界地图仔细观察一下，你就会发现非洲的西海岸与南美洲的东海岸是非常吻合的，好像是一块大陆分裂后，南美洲漂出后形成的。后来，许多人认为原先的大西洋只是一条大河，诺亚方舟就在这河里行驶。

事实上，大陆真的会漂移，陆地就像一座大冰山，漂浮在水面上，地球由西向东不停的自传，南、北美洲相对非洲大陆是不断向后移动的，而印度和澳大利亚则向东漂移了。这就是我们经

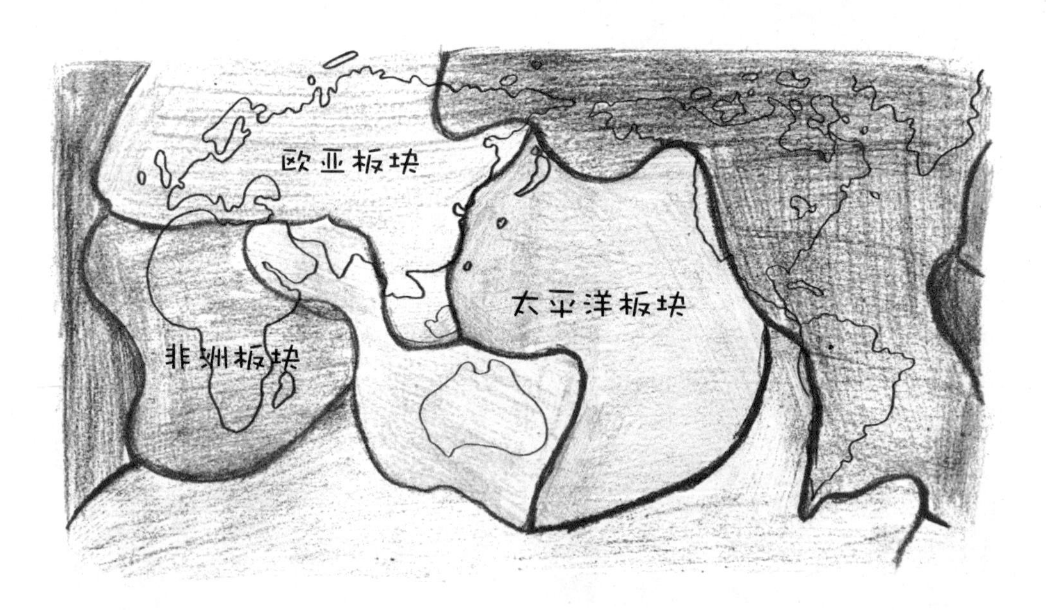

常说的大陆漂移学说。

于是，法国人勒皮雄就把那些一同漂移的大陆，分为六大板块，即太平洋板块、亚欧板块、印度洋板块、非洲板块、美洲板块和南极洲板块。

板块与板块的交界处都非常活跃，时常有地震和火山等自然灾害发生，比如日本就处于太平洋板块和欧亚板块的交界处，所以隔三差五就会发生地震。同时，大陆漂移学说也能够回答一些古气候问题。如：为什么热带的羊齿植物曾在伦敦、巴黎甚至格陵兰生长，而巴西、刚果曾为冰川覆盖？